本教材配套用书
《工程测量（第3版）》
ISBN 978-7-114-18545-8

中等职业教育国家规划教材配套教材

Gongcheng Celiang Shixun Zhidao yu Xitiji

工程测量实训指导与习题集

赵小飞　陈冰冰　主　编
侯小风　副主编
张保成　主　审

人民交通出版社股份有限公司
北　京

内容提要

《工程测量实训指导与习题集》是中等职业教育国家规划教材《工程测量》(第3版)的配套教材,分为工程测量实训指导和工程测量习题集两部分。

实训指导部分包括认识水准仪、普通水准测量、四等水准测量、钢尺量距、认识全站仪、全站仪角度测量、全站仪距离测量、全站仪坐标测量、全站仪三角高程中平测量、全站仪放样测量、认识GNSS、GNSS接收机及手簿基本设置操作、电台1+N模式RTK测量、网络RTK测量、单点支导线测量与坐标计算、全站仪数字测图、网络RTK数字测图、测图软件(CASS10.1)基本操作使用、道路中桩高程测量(中平测量)、全站仪距离放样、高程放样、全站仪元素法道路平曲线测设、全站仪交点法道路平曲线测设、网络RTK元素法道路平曲线测设、网络RTK交点法道路平曲线测设,共二十五个实训指导项目。

习题集包括绪论、水准测量、距离测量与直线定向、全站仪测量技术、GNSS测量技术、测量误差的基本知识、导线测量、大比例尺地形图的测绘与应用、道路中线测量、道路纵横断面测量、道路施工放样,共十一个模块,与配套教材的教学模块保持一致。

本书为中等职业学校交通运输类工程测量课程实训指导和知识测试用书,也可作为交通土建工程技术人员和测绘工作者的学习参考书。

本教材习题集配有答案,教师可通过加入"职教路桥教学研讨"QQ群(QQ:561416324)获取答案。

图书在版编目(CIP)数据

工程测量实训指导与习题集 / 赵小飞, 陈冰冰主编. — 北京: 人民交通出版社股份有限公司, 2023.6

ISBN 978-7-114-18722-3

Ⅰ.①工… Ⅱ.①赵… ②陈… Ⅲ.①工程测量—中等专业学校—教学参考资料 Ⅳ.①TB22

中国国家版本馆CIP数据核字(2023)第059489号

中等职业教育国家规划教材配套教材
《工程测量》(第3版)配套用书
书　　名:工程测量实训指导与习题集
著 作 者:赵小飞　陈冰冰
责任编辑:袁　方　陈虹宇
责任校对:赵媛媛
责任印制:张　凯
出版发行:人民交通出版社股份有限公司
地　　址:(100011)北京市朝阳区安定门外外馆斜街3号
网　　址:http://www.ccpcl.com.cn
销售电话:(010)59757973
总 经 销:人民交通出版社股份有限公司发行部
经　　销:各地新华书店
印　　刷:北京虎彩文化传播有限公司
开　　本:880×1230　1/16
印　　张:5.5
字　　数:120千
版　　次:2023年6月　第1版
印　　次:2023年6月　第1次印刷
书　　号:ISBN 978-7-114-18722-3
定　　价:30.00元

前言

《工程测量实训指导与习题集》是中等职业教育国家规划教材《工程测量》(第3版)的配套教材,是根据中等职业院校学生特点,为提升学生动手操作技能、增强其学以致用能力,在总结工程测量员岗位需求与测量课程教学经验的基础上编写而成的,实训内容贴合工程实际,满足理实一体化教学需求。

《工程测量实训指导与习题集》分为工程测量实训指导和工程测量习题集两部分。实训指导部分的编写,依据国家及行业最新技术标准,结合当前工程测量新仪器、新技术,力求满足生产一线工程测量员岗位需求,力争实现课堂教学与工程实际的"零"距离,共提炼了二十五个实训项目,所选项目具有较强的针对性、实用性、科学性及可操作性;习题集部分的内容编排顺序与教材保持一致,共十一个教学模块,在编排内容上采用由浅入深、由易到难的原则,编写过程中注重实用性与全面性,题型多样,题量和难度适中,旨在培养学生善于思考和勤于实践的能力。

全书由山东公路技师学院赵小飞、陈冰冰担任主编,侯小风担任副主编,李圣雪、张瑜、张志超参编。内蒙古大学张保成教授担任主审。

具体编写分工为:实训指导部分由赵小飞主编与统稿,并负责编写实训五~实训十四、实训二十二、实训二十三~实训二十五;侯小风担任副主编,负责编写实训十五、实训十九~实训二十一;李圣雪负责编写实训一~实训三;陈冰冰负责编写实训四、实训十六~实训十八。

习题集部分由陈冰冰主编与统稿,并负责编写模块一、模块三、模块八、模块九;侯小风担任副主编,负责编写模块十、模块十一;张瑜负责编写模块二、模块四;赵小飞负责编写模块四、模块五;张志超负责编写模块六、模块七。

由于编者水平和经验有限,书中难免存在疏漏和不当之处,敬请广大读者提出宝贵意见,以便不断完善。

编　者

2023年2月

目录

《工程测量(第3版)》配套多媒体辅助学习短视频与动画资源表

序号	学习资源名称	类别	时长	对应模块及单元	对应实训
1	高斯投影	动画	2′16″	模块一　单元二	
2	微倾式水准仪技术操作	视频	1′45″	模块二　单元三	
3	普通水准测量施测方法	动画	1′50″	模块二　单元四	实训二
4	自动安平水准仪一测站观测方法	视频	2′30″	模块二　单元四	
5	四等水准测量	动画	3′50″	模块二　单元五	实训三
6	直线定向	视频	4′31″	模块三　单元四	
7	电磁波测距观测方法	视频	3′43″	模块四　单元一	实训七
8	全站仪主要功能介绍	视频	2′18″	模块四　单元一	
9	全站仪一般操作方法	视频	3′40″	模块四　单元三	实训五
10	全站仪已知点建站设置操作	视频	1′36″	模块四　单元三	实训八、十六
11	全站仪后视检查设置操作	视频	56″	模块四　单元三	实训八、十六
12	全站仪点测量操作	视频	1′20″	模块四　单元四	实训八、十六
13	全站仪点放样操作(一)	视频	1′30″	模块四　单元四	实训十
14	全站仪点放样操作(二)	动画	3′37″	模块四　单元四	
15	全站仪三角高程测量	视频	2′48″	模块四　单元四	
16	用全站仪测设道路中桩原理	视频	2′16″	模块九　单元六	
17	全站仪极坐标法中桩测设	视频	2′11″	模块九　单元六	
18	GNSS-RTK 一般构造与安置	视频	3′16″	模块五　单元五	实训十三
19	工程之星蓝牙连接操作	视频	26″	模块五　单元四	实训十二
20	工程之星新建工程操作	视频	46″	模块五　单元五	实训十三、十四、十七
21	工程之星求转换参数操作	视频	3′26″	模块五　单元五	实训十三、十四、十七
22	工程之星校正向导操作	视频	39″	模块五　单元五	实训十三、十四
23	工程之星工程文件导入操作	视频	50″	模块五　单元五	实训十三、十四
24	工程之星工程文件导出操作	视频	1′03″	模块五　单元五	实训十三、十四、十七
25	工程之星内置电台基准站设置操作	视频	35″	模块五　单元五	实训十二
26	工程之星外置电台基准站设置操作	视频	33″	模块五　单元五	实训十二
27	工程之星内置电台移动站设置操作	视频	30″	模块五　单元五	实训十二
28	工程之星点测量操作	视频	26″	模块五　单元五	实训十三、十四、十七
29	工程之星点放样操作	视频	37″	模块五　单元五	实训十三、十四
30	工程之星 CORS 连接操作	视频	52″	模块五　单元六	实训十四、十七
31	用 GNSS-RTK 测设道路中桩原理	视频	1′50″	模块九　单元六	
32	闭合导线计算	动画	1′15″	模块七　单元三	
33	中平测量施测方法	动画	1′15″	模块十　单元二	实训十九
34	高程放样的基本方法	动画	1′19″	模块十一　单元一	实训二十一

续上表

序号	学习资源名称	类别	时长	对应模块及单元	对应实训
35	高墩台的高程放样	动画	0′59″	模块十一　单元四	
36	深基坑的高程放样	动画	1′13″	模块十一　单元一	
37	全站仪距离放样	动画	2′16″	模块十一　单元一	实训二十
38	工程之星道路设计元素法操作	视频	2′02″		实训二十四
39	工程之星道路设计交点法操作	视频	1′40″		实训二十五
40	绘制平面图	视频	10′17″		实训十八
41	绘制等高线	视频	6′54″		实训十八

资源使用说明：

1. 请购买《工程测量(第3版)》(ISBN 978-7-114-18545-8)，扫描封面二维码(注意每个码只可激活一次)；

2. 关注“交通教育”微信公众号；

3. 公众号弹出“购买成功”通知，点击“查看详情”，进入后即可查看资源；

4. 也可进入“交通教育”微信公众号，点击下方菜单“用户服务-开始学习”，选择已绑定的教材进行观看。

第一部分
工程测量实训指导

实训一　认识水准仪

1. 实训内容

(1)认识水准仪的构造及水准尺。

(2)掌握水准仪的安置过程及水准尺读数方法。

2. 实训仪器及工具

每小组到仪器室借领自动安平水准仪 1 台、三脚架 1 个、塔尺 2 把,并自备铅笔、记录板、计算用纸、小刀等。

3. 实训程序及方法

(1)实训指导教师现场架设自动安平水准仪并讲述仪器各部件和螺旋功能,如图 1-1 所示。

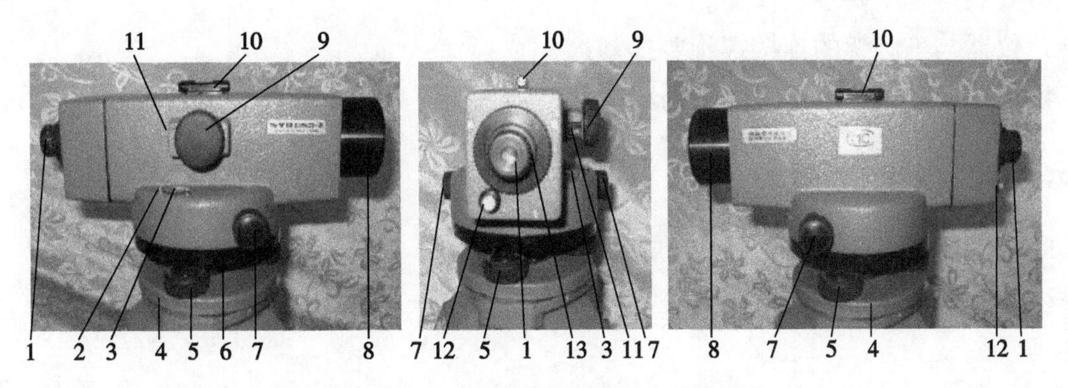

图 1-1　自动安平水准仪构造示意图

1-望远目镜;2-圆水准器校正螺钉;3-圆水准器;4-基座底板;5-脚螺旋;6-水平度盘;7-望远镜水平微动螺旋;8-望远镜物镜座;9-望远镜调焦手轮;10-粗瞄准器;11-圆水准器观察棱镜;12-按钮;13-目镜卡环

(2)实训教师演示自动安平水准仪安置过程和照准与读数方法,如图 1-2 所示。

(3)学生分组实训:完成自动安平水准仪的安置、照准与读数。

①在选定的测站点上架设三脚架,使架头大致水平,高度适中,踏实脚架尖。

②将水准仪安放在架头上并拧紧中心螺旋。

③调整脚螺旋,将圆水准器气泡居中,完成粗平。

④在待测水准点上竖立塔尺，使塔尺保持竖直状态。

⑤转动自动安平水准仪的目镜对光螺旋使十字丝清晰；然后利用照门和准星照准水准尺，照准后要旋紧制动螺旋，转动物镜对光螺旋使尺像清晰；再转动微动螺旋，使十字丝的竖丝照准尺面中央。

⑥照准水准点上的塔尺，反复调节目镜调焦螺旋和物镜调焦螺旋直至消除视差。

⑦按动自动安平水准仪目镜下方的补偿控制按钮，检测补偿器，确保补偿器正常工作。

⑧用望远镜十字丝的中横丝在尺上读数并记录。

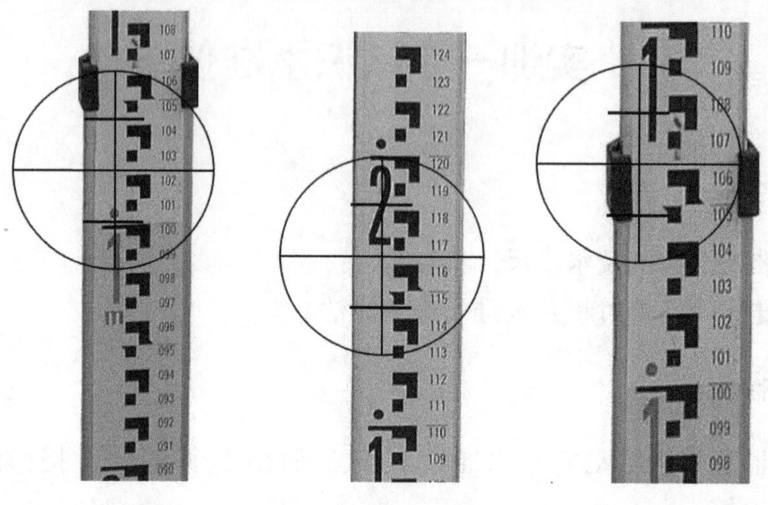

图 1-2　塔尺读数

4. 实训注意事项

(1)仪器架设高度要适宜。

(2)安装过程中要轻放仪器。

(3)仪器与三脚架的连接螺旋要拧紧。

(4)读数前要认清水准尺的刻划特征并消除视差。

5. 想一想

(1)水准仪整平的目的是什么？如何整平？

(2)视差是什么？如何消除视差？

实训二　普通水准测量

1. 实训内容

(1)理解水准测量的基本原理。

(2)学会普通水准测量一测段的施测方法与步骤。

(3)能进行普通水准测量一测段的记录、计算及校核。

2. 实训仪器及工具

每小组到仪器室借领自动安平水准仪1台、三脚架1个、塔尺2把、尺垫2个,并自备铅笔、记录板、计算器、普通水准测量记录表、计算用纸、小刀等。

3. 实训程序及方法

(1)实训指导教师现场讲述并布置实训内容。

①根据水准点的分布及测量要求选择合适的水准路线形式(布设形式有:闭合水准路线、附合水准路线、支水准路线)。

②测量时水准仪应置于两水准尺中间,使前、后视的距离尽可能相等。

③演示用水准仪进行一个测站的观测与记录。

④介绍普通水准测量记录表格相关计算内容及填表要点。

(2)学生分组在选定的水准路线上进行一测段普通水准测量的观测,如图2-1所示。

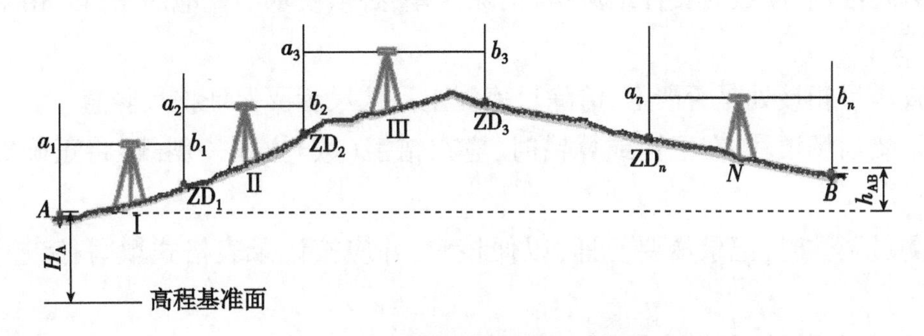

图2-1　一测段水准测量示意图

①置水准仪于距已知后视高程点 A 一定距离的Ⅰ处,选择前视转点 ZD_1 使转点前后视距大致相等,将水准尺置于 A 点和 ZD_1 点上,转点处水准尺立于尺垫上。

②将水准仪整平后,先照准后视尺,消除视差,利用中横丝读取后视读数值 a_1,并记入普通水准测量记录表中(表2-1)。

③平转望远镜照准前视尺,消除视差,利用中横丝读取前视读数值 b_1,并记入水准测量记录表中。至此便完成了普通水准测量一个测站的观测任务。

④ZD_1 点上水准尺不动,由原第Ⅰ站前视尺变成第Ⅱ站的后视尺,将仪器搬迁到第Ⅱ站,使转点前后视距大致相等,把第Ⅰ站的后视尺迁移到转点 ZD_2 上。

⑤按②、③步骤测出第Ⅱ站的后、前视读数值 a_2、b_2,并记入水准测量记录表中。

⑥重复上述步骤测至终点B,完成水准测量一个测段工作。

⑦完成一个测段普通水准测量记录表格的填写与计算(表2-1)。

⑧所有测段测量工作完成后,根据实际需求填写相应表格,完成水准路线高差闭合差的计算与调整。相关内容与方法见教材模块二。

水准测量记录表

表2-1

测　点	标尺读数(m)		高差(m)		高程(m)	备　注
	后视	前视	+	−		
Σ						
计算检核	$\sum a-\sum b=$ $\sum h=$ $H_B-H_A=$ $H_B-H_A=\sum h=\sum a-\sum b$(计算无误)					

4. 实训注意事项

(1)水准测量过程中应尽量用目估或步测保持前、后视距基本相等。

(2)仪器脚架要踩牢,观测速度要快,以减少仪器下沉。

(3)估数要准确,读数时要仔细调焦,消除视差,必须使水准气泡居中,读完以后,须再检查气泡是否居中。

(4)检查塔尺相接处是否严密,清除尺底泥土。扶尺者要保证扶尺竖直。

(5)记录要当场填写,在记错或算错时,应在错字(数)上画一斜线,将正确数字写在错字(数)上方。

(6)观测员读数时,记录员要复诵,以便核对,并应按记录表格式填写,字迹要整齐、清楚、端正。

(7)测量者要严格执行操作规程,观测时如果阳光较强要给仪器撑伞。

5. 想一想

(1)影响水准测量成果的主要因素有哪些?

(2)普通水准测量的布设形式有哪些?

(3)每种水准路线布设形式的高差闭合差计算公式分别是什么?

实训三　四等水准测量

1. 实训内容

(1)学会四等水准测量一测站的具体施测步骤。

(2)学会四等水准测量记录、计算和校核方法。

2. 实训仪器及工具

每小组到仪器室借领自动安平水准仪 1 台、三脚架 1 个、成对黑红双面尺 2 把、尺垫 2 个,并自备铅笔、记录板、计算器、四等水准测量记录表、计算用纸、小刀等。

3. 实训程序及方法

(1)实训指导教师现场讲述四等水准测量一测站的观测和记录要领。

(2)学生分组进行四等水准测量一测站的观测、记录和高差计算。

①在选定的两个水准点中间安置水准仪,并设定观测方向,确定尺常数,如以红面尺常数为 4.687m 的水准尺作为后视尺。

②在后视点尺垫上放置尺常数为 4.687m 的后视尺,前视点尺垫上放置尺常数为 4.787m的前视尺。

③观测员按照"后—后—前—前"或"后—前—前—后"的测站观测方法依次进行观测。

④记录员在已准备好的四等水准测量记录表中依次记录观测数据。

⑤记录时,记录员要复诵观测者的观测读数,认真依次记录观测数据,记录员还需在四等水准测量记录表中按计算顺序完成测站相关的计算。

⑥在计算过程中若发现有超限的数据,应报告观测者进行补测或重测。

⑦当本测站观测与计算无误后,观测员、记录员和扶尺人员轮换工作岗位。

⑧重复①~⑥的测量程序进行第二测站的四等水准测量观测、记录和计算。依次类推,完成本次实训任务。

4. 实训注意事项

(1)四等水准测量一测站的观测与计算应按次序进行,先后顺序不能颠倒。

(2)测量与计算过程中要注意测站限差,发现超限时立即补测或重测。

(3)实训前学生应熟悉四等水准测量观测、记录和计算程序与方法。

(4)实训过程中小组人员要加强配合,密切合作。

5. 想一想

(1)四等水准测量与普通水准测量的区别有哪些?

(2)四等水准测量一测站的观测程序是怎样的?有哪些限差要求?

实训四　钢尺量距

1.实训内容

(1)识别距离丈量的工具及辅助工具。

(2)学会花杆定线的方法。

(3)掌握钢尺量距具体实施步骤。

2.实训仪器及工具

每小组到仪器室借领钢尺1把、测钎1束、花杆3根,并自备铅笔、记录板、计算器、钢尺丈量记录表、计算用纸、小刀等。

3.实训程序及方法

(1)实训指导教师现场讲述并布置实训内容。

①在实训场地内选定相互通视的两点A、B,演示花杆定线的操作方法。

②演示钢尺量距具体实施步骤。

③演示并讲述钢尺丈量记录表填写、计算与精度评定的方法。

(2)学生分组进行直线定线和距离丈量。

①学生分组在实训场地内选定相距约100m的相互通视的A、B两点,先在A、B点上竖立标杆。

②观测者甲站在A点后1～2cm处,由A端瞄向B点,使单眼的视线与标杆边缘相切,指挥乙持花杆左右移动,直至乙所持花杆与A、B两点花杆在一条直线上,在地面上标出定线点,如图4-1a)所示。

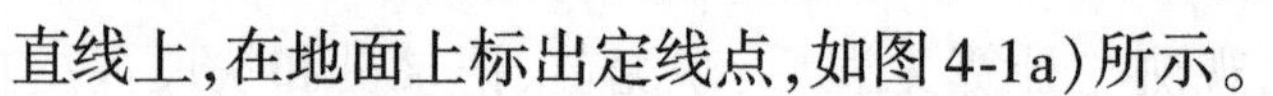

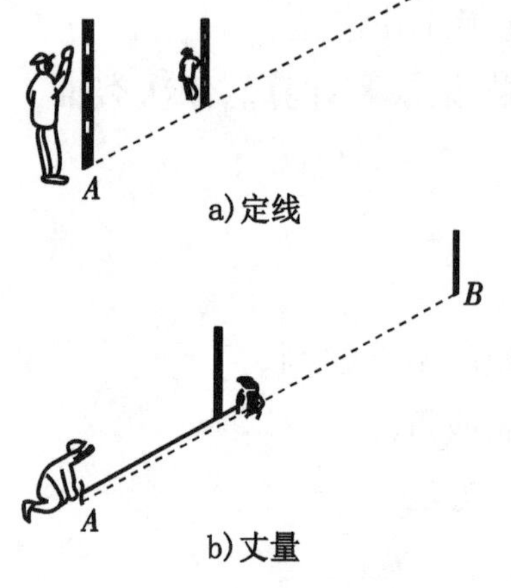

图4-1　距离丈量过程示意图

③用同样的方法标定直线AB上的其他各点且确保定线点间距略小于尺长。

④两人拿钢尺,后尺手拿尺的零端立在A点,前尺手拿尺的末端并携带测钎沿AB方向前进,走到一整尺段处停下;后尺手把零点对准A点,并喊"预备",前、后尺手将钢尺沿着用花杆标定的直线同时拉紧尺子并拉平拉直,以确保量距沿着AB直线;当尺子拉平、拉直并稳定后,后尺手喊"好",前尺手将一测钎迅速对准尺的终点刻划竖直插在地面上,这样就量完了第一尺段,如图4-1b)所示。

⑤前、后尺手同时抬尺前进,当后尺手到达测钎处停止,重复以上操作,继续向前量第二、第三……第N尺段。

⑥当丈量到B点时,一般已不足一个整尺段(又称零尺段),这时由前尺手用尺上某整

刻划线对准终点 B,后尺手在尺的零端读数至毫米(mm),量出零尺段长度Δl,如图 4-2 所示,计算出 AB 之间距离 D_{AB},完成往测。

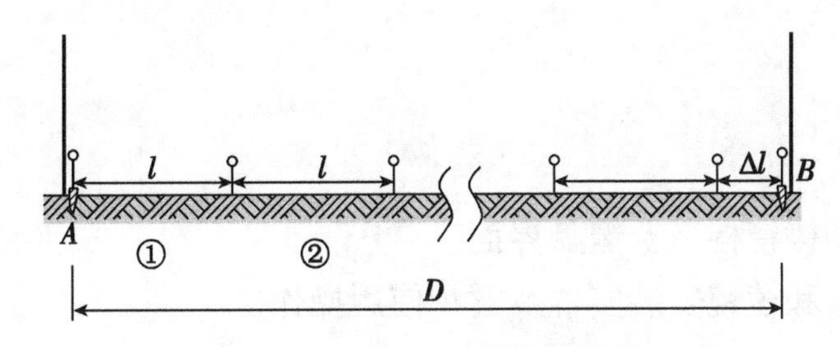

图 4-2 距离丈量往测示意图

⑦返测时,由 B 点到 A 点同法进行定线量距,得到返测距离 D_{BA}。

⑧计算量距相对误差,并进行精度评定。若 $K \leq K_{允}$,则精度满足要求,求取 AB 距离的平均值即为两点间的水平距离,否则重测。

4. 实训注意事项

(1)丈量是量两点间的直线长度,不是折线或曲线长度。

(2)丈量时,前、后尺手要配合好,尺身要保持水平,尺要拉紧,用力要均匀,投点要稳,对点要准,尺稳定时再读数。

(3)钢尺在拉出和收卷时,要避免钢尺打卷。

(4)在丈量时,不要在地上拖拉钢尺,更不要扭折,防止行人踩和车压,以免折断。

(5)尺子用过后,要用软布擦干净后,涂以防锈油,再收入盒中。

5. 想一想

(1)钢尺丈量前为什么要进行直线定线?

(2)如何保证钢尺丈量精度?

实训五　认识全站仪

1. 实训内容

(1)识别全站仪和棱镜构造及键盘界面。

(2)能进行全站仪和棱镜安装安置及键盘使用操作。

2. 实训仪器及工具

每小组到仪器室借领全站仪 1 台、单棱镜 1 个、三脚架 1 个、对中脚架 1 个、3m 钢卷尺 1 个,并自备铅笔、记录板等。

3. 实训程序及方法

(1)实训指导教师现场讲述并布置实训内容。

①打开仪器箱,介绍仪器部件在箱中的摆放位置。

②演示全站仪和棱镜架设与安置方法。

③讲述仪器部件和各螺旋功能。

④讲述全站仪测量系统主界面功能模块与测量程序。

(2)学生分组安置全站仪并量取仪器高。

①在选定的测站点上,架设三脚架并安装全站仪。

②旋转光学对中器目镜调焦螺旋,使对中标志分划板清晰,再旋转光学对中器物镜调焦螺旋(有些仪器是通过拉伸光学对中器调焦)看清地面的测点标志;激光对中仪器只需打开激光下对点,调节激光点亮度使其清晰可见,然后移动三脚架使对中标志中心点对准地面测站标志中心,踩紧三脚架,完成仪器对中。

③根据圆水准器气泡位置,伸缩三脚架,使圆水准器气泡居中,完成粗平。

④检查并精确对中,检查对中标志是否偏离测站点标志中心。如果偏离了,旋松三脚架上的连接螺旋,平移仪器基座使对中标志准确对准测站点的中心,再拧紧连接螺旋。

⑤转动脚螺旋使各方向水准管气泡均居中,完成精平。

⑥用上述同样方法再对中、整平,直到仪器既对中又整平为止。

⑦量取测站点到仪器中心标志的垂直高度,即全站仪仪器高。

(3)学生分组安置棱镜并读取棱镜高。

①在待测点上,架设对中脚架并安装单棱镜。

②伸缩对中脚架支架,使圆水准器气泡居中,完成整平。

③旋转单棱镜使其正对全站仪。

④从对中杆上读取棱镜高度。

(4)学生分组认识全站仪键盘及操作界面,如图 5-1 所示(以南方 NTS-342 型全站仪为例)。

①按开机键开机后，认识全站仪操作界面及键盘功能键的作用及含义。

②进入全站仪测量操作系统主界面，分别点击主界面十大模块菜单，熟悉各模块所包含子程序。

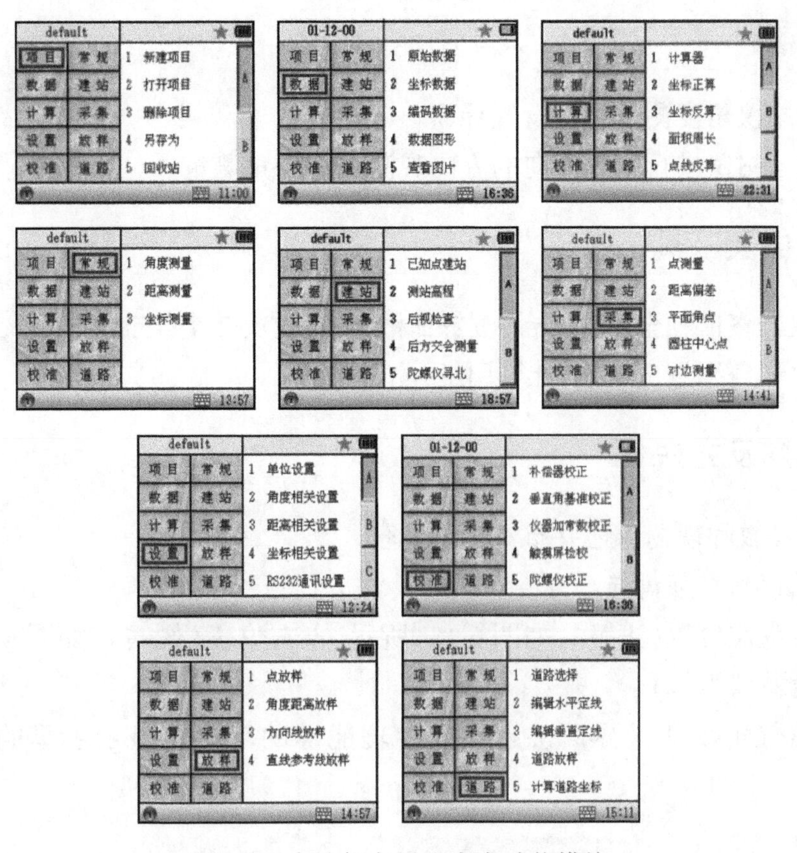

图 5-1　全站仪主界面十大功能模块

4. 实训注意事项

(1)仪器架设高度要适宜，安装过程中要轻放仪器，仪器与三脚架的连接螺旋要拧紧。

(2)操作过程中，要松开水平和垂直制动螺旋再旋转仪器。

(3)单棱镜安装后要转动棱镜使其正对全站仪镜头。

(4)全站仪关机后再取下电池。

(5)测量仪器高要量取到仪器中心标志。

(6)对中整平后的仪器要保证转动仪器后的各方向都满足对中整平要求。

5. 想一想

(1)全站仪为什么要进行对中和整平？

(2)总结从主界面到角度测量、距离测量和坐标测量的操作步骤。

实训六　全站仪角度测量

1. 实训内容

(1)识别全站仪角度测量操作设置界面。

(2)能使用全站仪进行两个方向的方向观测法水平角测量。

2. 实训仪器及工具

每小组到仪器室借领全站仪1台、测钎2根、测钎支架2个、三脚架1个,并自备铅笔、记录板、计算器、水平角测量记录表、计算用纸、小刀等。

3. 实训程序及方法

(1)实训指导教师现场讲述并布置实训内容。

①讲解全站仪水平度盘与竖直度盘构造及含义。

②现场演示盘左位置(正镜),如图6-1a)所示,盘右位置(倒镜),如图6-1b)所示(以南方NTS-342型全站仪为例)。

③对照全站仪角度测量界面讲解界面中功能键的功能及显示字母的含义,如图6-2所示。

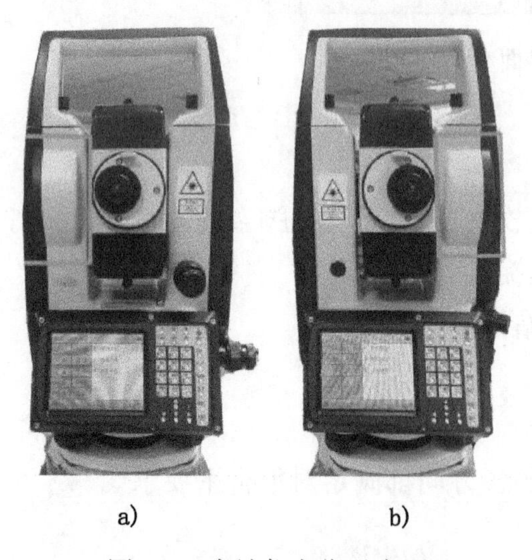

a)　　b)

图6-1　全站仪盘位示意图

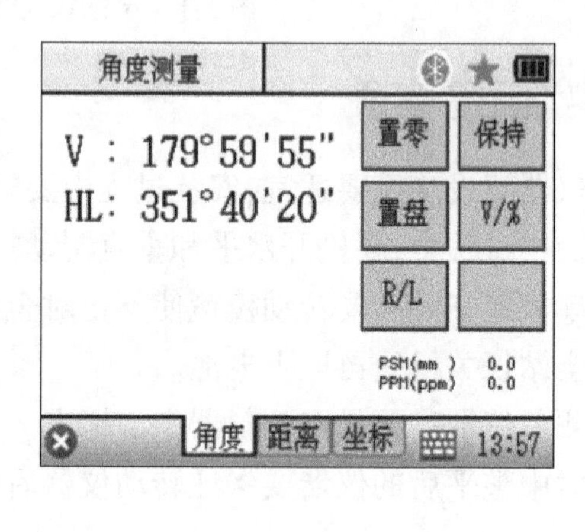

图6-2　角度测量界面

④实训教师现场演示采用方向观测法观测两个方向的水平角的操作程序。

(2)学生分组认知全站仪角度测量操作界面。

①按开机键开机后,进入全站仪角度测量操作界面。

②探索并掌握角度测量界面各功能键的作用。

③认知角度测量界面显示字母的含义。

(3)学生分组采用方向观测法观测两个方向的水平角。

①在 O 点安置全站仪,观测目标点 A、B 分别安置测钎,如图 6-3 所示。

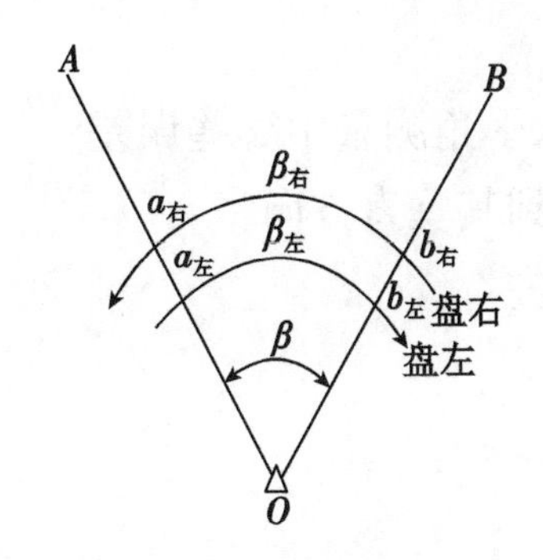

图 6-3　角度测量示意图

②区分全站仪盘左测量与盘右测量,区分左方目标与右方目标,填写水平角测量记录表中的测站、盘位及目标,如表 6-1 所示。

方向观测法两个方向的水平角测量记录表　　表 6-1

测　站	盘　位	目　标	水平度盘读数(°′″)	水平角		备　注
				半测回角(°′″)	一测回角(°′″)	
0	左	A				
		B				
	右	B				
		A				

③选择水平角显示方式为水平右(或 HR)。

④选择初始方向为左侧目标 A。

⑤水平角测量。

a. 盘左位置:先照准左方目标 A,置零,记录水平度盘读数 $a_{左}$,然后顺时针转动照准部,照准右方目标 B,记录水平度盘读数 $b_{左}$,计算上半测回角值。

b. 盘右位置:先照准右方目标 B,记录水平度盘读数 $b_{右}$,逆时针转动照准部照准左方目标 A,记录水平度盘读数 $a_{右}$,计算下半测回角值。

c. 计算一测回内 $2c$ 值互差,判断是否合格。若合格,计算一测回的角值;若超限,重复 a ~ c步骤。

4. 实训注意事项

(1)用单竖丝精确照准目标最低端。

(2)正确区分盘左观测与盘右观测。

(3)正确区分所测角度对应的左方目标与右方目标。

(4)置零或置盘只能在每个测回起始方向使用。

(5)正确区分“水平左(HL)”与“水平右(HR)”,确保水平角测量一直处于“水平右(HR)”状态。

5. 想一想

(1)盘左盘右观测可以消除水平角测量中哪些误差?

(2)若给定一个方向,能否找到其垂直方向?

(3)什么情况下会用到“水平左”?

实训七　全站仪距离测量

1. 实训内容

(1)识别全站仪距离测量操作及相关参数设置界面。

(2)能进行全站仪距离测量。

2. 实训仪器及工具

每小组到仪器室借领全站仪1台、单棱镜1个、三脚架1个、对中脚架1个、测钎1根,并自备铅笔、记录板、计算器、距离测量记录表、计算用纸、小刀等。

3. 实训程序及方法

(1)实训指导教师现场讲述并布置实训内容(以南方 NTS-342 型全站仪为例)。

①讲解全站仪距离测量界面中功能键的功能及显示字母的含义,如图7-1所示。

②演示并讲解全站仪距离测量相关参数设置操作界面,如图7-2所示。

③现场演示距离测量过程。

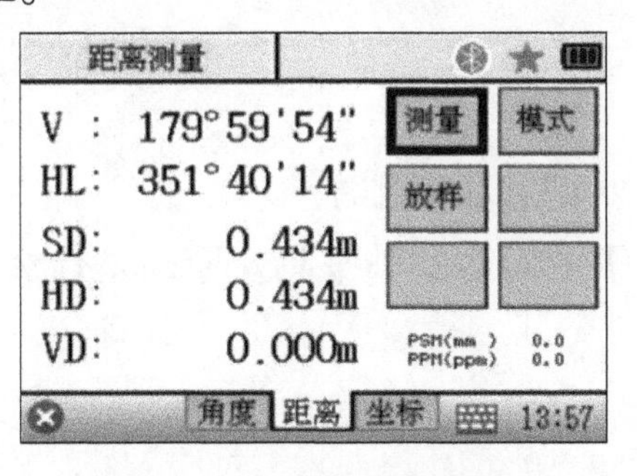

图7-1　距离测量界面

图7-2　距离相关参数设置操作界面

(2)学生分组认知全站仪距离测量相关参数设置操作界面。

①按开机键开机后,进入全站仪参数设置操作界面进行距离测量相关参数设置,而后进入距离测量界面。

②探索并掌握距离测量界面键盘功能键的作用。

③认知距离测量界面显示字母的含义。

(3)学生分组进行全站仪距离测量。

①在选定的测站点上安置全站仪,先将棱镜架设在对中脚架上,再在选定的目标点上安置棱镜。

②进行距离测量相关参数设置:选择合作目标,设置棱镜常数,进行气象改正,选择测距模式。

③进入距离测量界面,精确照准目标棱镜,按【测量】键后,键盘屏幕显示测距结果,完成测量工作。

4.实训注意事项

(1)距离测量前需要进行相关参数设置。

(2)合作目标为棱镜时,需要设置棱镜常数,不同厂家棱镜常数不用。

(3)距离测量时棱镜必须正对仪器镜头。

5.想一想

(1)距离测量模式有哪些?精度如何排序?

(2)距离测量所用全站仪需要对中和整平吗?原因是什么?

实训八　全站仪坐标测量

1. 实训内容

(1)识别全站仪坐标测量、已知点建站及后视检查的操作设置界面。

(2)能进行全站仪坐标测量。

2. 实训仪器及工具

每小组到仪器室借领全站仪1台、单棱镜1个、三脚架1个、对中脚架1个,并自备铅笔、记录板、计算器、坐标测量记录表、计算用纸、小刀等。

3. 实训程序及方法

(1)实训指导教师现场指导并演示坐标测量过程。

①讲解全站仪坐标测量界面中功能键的功能及显示字母的含义,如图8-1所示;

②演示坐标测量过程中已知点建站设置和后视点检查设置方法。

(2)学生分组实训全站仪坐标测量方法(以南方NTS-342型全站仪为例)。

图8-1　坐标测量界面

①选择已知点作为测站点并安置全站仪,选择另一个已知点作为后视点并安置棱镜;若校园内没有已知点,可以让实训指导教师帮忙指定测站点及后视点,并假定测站点坐标或后视方向方位角。

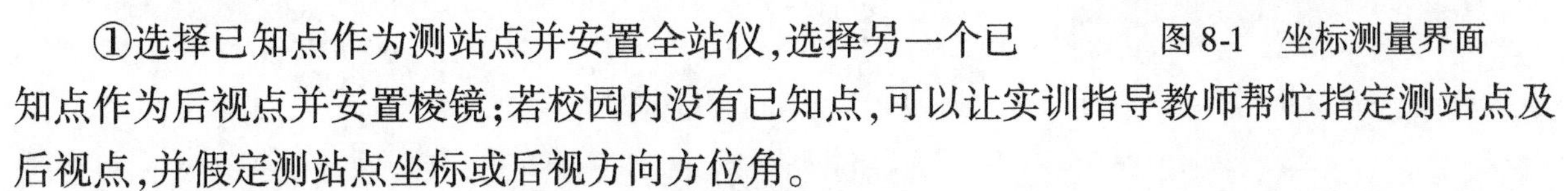

②按全站仪开机键开机后,进行已知点建站设置,如图8-2所示。具体操作方法是:【建站】→【已知点建站】→输入仪器高、棱镜高、测站点数据及后视点数据→照准后视点棱镜→【设置】,完成建站。

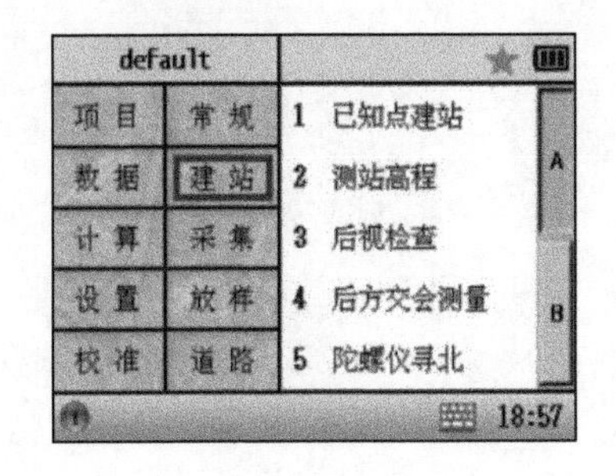

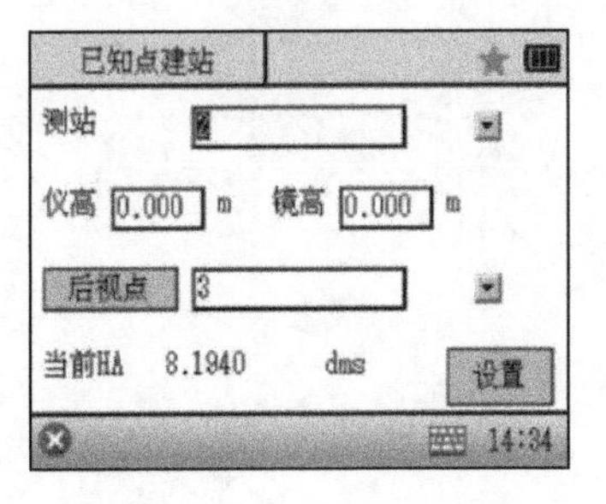

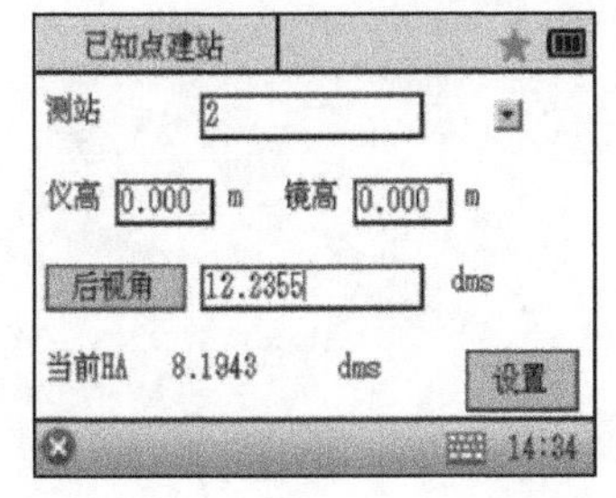

图8-2　已知点建站设置

③进行后视点检查的操作设置,如图8-3所示。具体操作方法是:【建站】→【后视检查】→【重置】,完成后视点检查。

④进行全站仪距离测量相关参数设置,选择合作目标,设置棱镜常数,进行气象改正,选择测距模式。

⑤全站仪精确照准待测点棱镜后进入坐标测量界面，如图8-1所示。点击【测量】键，将屏幕中显示的待测点点位信息记录并保存，完成坐标测量工作。

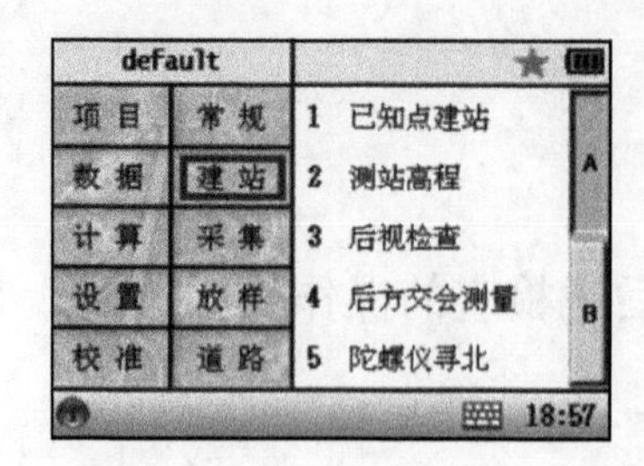

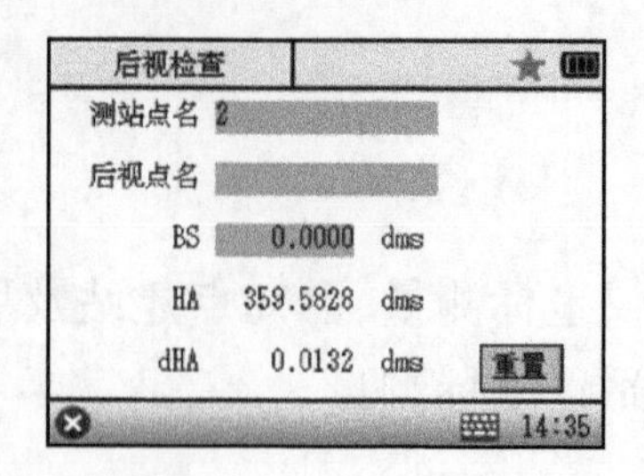

图8-3　后视点检查设置

4. 实训注意事项

(1)坐标测量前需要进行距离测量相关参数设置。

(2)坐标测量前必须建站，即完成测站点设置和后视检查工作。

(3)坐标测量前做后视检查确保已知方向的方位角设置正确。

5. 想一想

(1)坐标测量模式有哪些？与距离测量模式是否相同？

(2)如果没有建站就进行坐标测量会出现什么后果？

实训九　全站仪三角高程中平测量

1. 实训内容

(1)识别全站仪距离测量的操作设置界面。

(2)能使用全站仪三角高程测量方法进行中平测量。

2. 实训仪器及工具

每小组到仪器室借领全站仪1台、单棱镜2个、三脚架1个、对中杆2个,并自备铅笔、记录板、计算器、全站仪三角高程中平测量记录表、计算用纸、小刀等。

3. 实训程序及方法

(1)实训指导教师现场指导各小组架设全站仪并演示利用全站仪三角高程测量进行中平测量过程。

(2)学生分组实训利用全站仪三角高程测量进行中平测量。

①选择合适位置安置全站仪,在后视点和前视点分别安置棱镜,棱镜高度相同。

②进行距离测量相关参数设置,选择合作目标,设置棱镜常数,进行气象改正,选择测距模式。

③进入距离测量界面,照准后视已知点,测得 $VD_{后}$ 并记录。

④照准前视已知点,测得 $VD_{前}$ 并记录。

⑤依次在各待测中桩点安置棱镜,测得 $VD_{中}$ 并记录。

⑥计算中桩高程,完成中平测量记录表,如表9-1所示。

全站仪三角高程中平测量记录表　　表9-1

测　点	VD读数(m)			高程(m)	备　注
	后视	中视	前视		
					基平测量测得水准点 A 和水准点 B 的高程为: $H_A =$ 　　m $H_B =$ 　　m 根据公路等级确定精度要求,如二级及二级以下公路不得大于 $\pm 50\sqrt{L}$ (mm)

4. 实训注意事项

(1)三角高程测量前需要进行距离测量相关参数设置。

(2)用三角高程测量进行中平测量时,采用上述公式不得调整棱镜高度。

(3)用三角高程测量进行中平测量时,考虑地球曲率影响,距离不应太长。

(4)中平测量观测顺序为先后视,再前视,最后中视。

5. 想一想

(1)全站仪三角高程测量原理在全站仪哪些程序中体现?

(2)三角高程测量进行中平测量与水准测量进行中平测量有哪些区别?

实训十　全站仪放样测量

1. 实训内容

(1)学习全站仪坐标放样方法和点放样的操作界面设置;

(2)能进行全站仪放样测量。

2. 实训仪器及工具

每小组到仪器室借领全站仪1台、单棱镜1个、三脚架1个、对中杆1个,并自备铅笔、记录板、计算器、待放样点坐标表、计算用纸、小刀等。

3. 实训程序及方法

(1)实训指导教师现场讲述并布置实训内容。

①讲解全站仪坐标放样即【点放样】操作界面中功能键的功能及显示字母的含义,如图10-1所示。

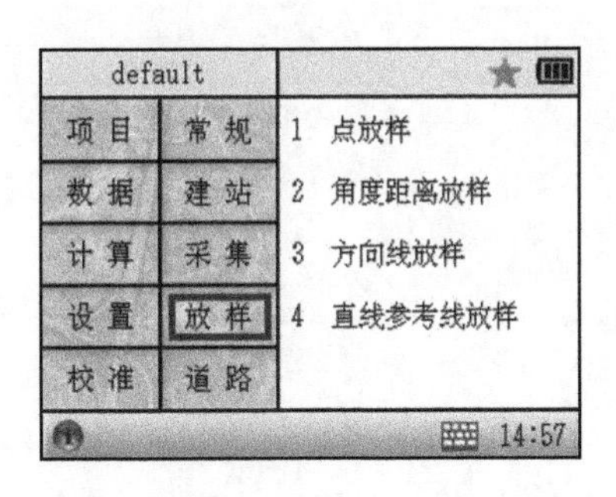

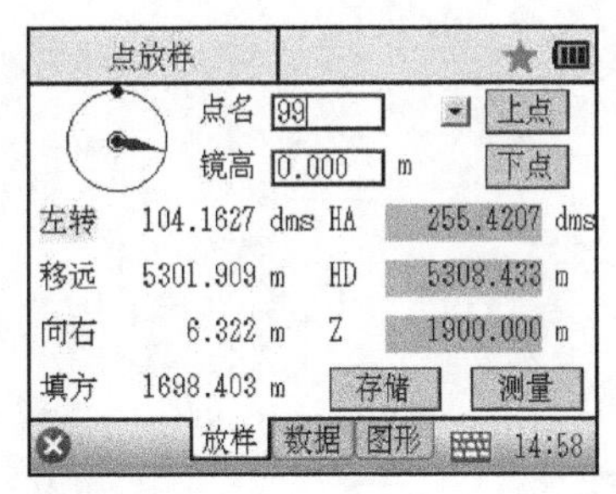

图10-1　点放样设置

②现场演示点放样过程。

(2)学生分组实训坐标放样方法。

①选择已知点作为测站点并安置全站仪,选择另一已知点作为后视点并安置棱镜;若校园内没有已知点,可以让实训指导教师帮忙指定测站点及后视点,并假定测站点坐标或后视方向方位角。

②进行距离测量相关参数设置,选择合作目标,设置棱镜常数,进行气象改正,选择测距模式。

③进行已知点建站,输入相关信息,完成建站工作。

④进行后视点检查,完成后视检查工作。

⑤全站仪进入点放样操作界面,点击【放样】→【点放样】→▾调用或者新建一个放样点(选择或输入待放样点坐标)输入待放样点位信息(来自待放样点坐标表),如图10-1所示。

⑥按照屏幕显示信息,平转全站仪使方向偏差为0°00′00″,即左转、右转显示0°00′00″,并指挥棱镜移动到视线方向;在此方向上指挥棱镜前后移动,使距离较差为0.000m,即移远、移近显示为0.000m,标定棱镜对中杆下面点位,该点就是所要放样的点位。

⑦定点打桩,完成坐标放样工作。

4. 实训注意事项

(1)坐标放样前需要进行距离测量相关参数设置。

(2)坐标放样前必须完成已知点建站设置和后视检查工作。

(3)坐标放样前做后视检查,确保已知方向的方位角设置正确。

5. 想一想

(1)如果没有建站就进行坐标放样会出现什么后果?

(2)坐标放样操作设置界面中显示的"HA""HD"和"Z"代表什么?

实训十一　认　识　GNSS

1. 实训内容

(1)识别 GNSS 接收机及手簿的构造、功能键及操作系统界面。

(2)能进行 GNSS 接收机安装安置及键盘操作使用。

2. 实训仪器及工具

每小组到仪器室借领 GNSS 接收机 1 台、三脚架 1 个、基座 1 个、对中杆 1 个和 3m 钢卷尺 1 个,并自备铅笔、记录板等。

3. 实训程序及方法

(1)实训指导教师现场讲述并布置实训内容(以南方测绘创享 RTK 为例)。

①要求学生打开仪器箱,记忆仪器及配件在箱中摆放位置。

②讲解 GNSS 接收机主机及手簿的构造及功能,如图 11-1 ~ 图 11-3 所示。

③现场演示用三脚架和对中杆架设 GNSS 接收机。

④现场演示 GNSS 接收机主机操作界面及功能键的含义、作用及开关机。

⑤现场讲述手簿键盘主要功能键的含义及作用、电池安装和触摸屏的使用。

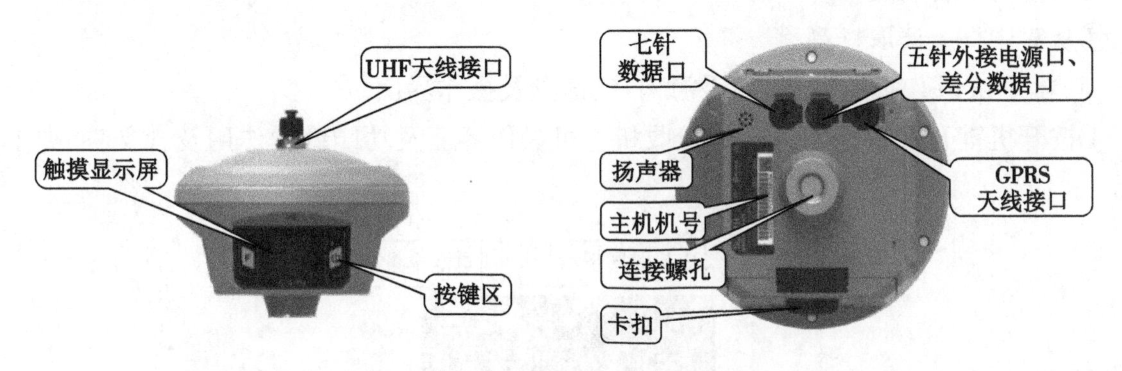

图 11-1　GNSS 接收机主机构造图

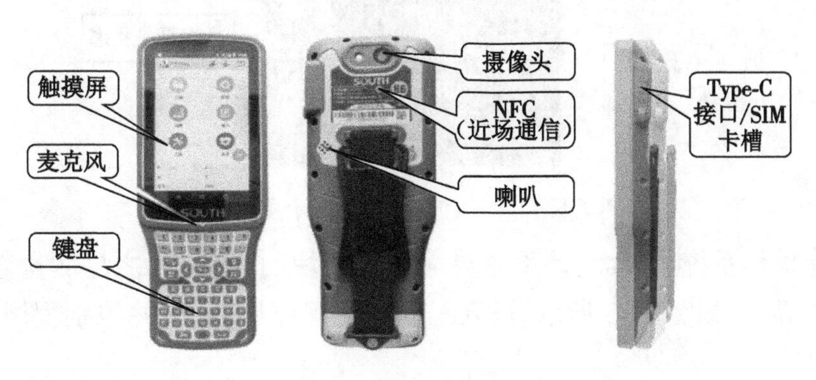

图 11-2　H6 手簿构造图

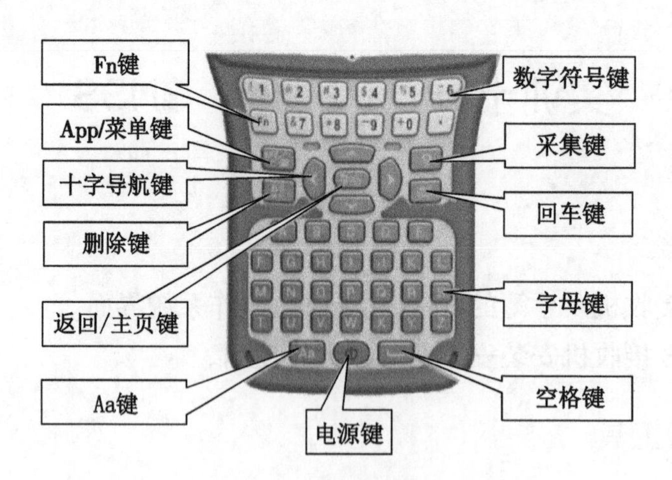

图 11-3　H6 手簿键盘

(2)学生分组用三脚架安置 GNSS 接收机并量取仪器高。

①在测站点上架设三脚架并安装基座、测高片、GNSS 接收机及天线。

②利用基座上的光学对中器进行对中。

③伸缩架腿进行粗平,调节脚螺旋进行精平。

④再次检查对中,平移仪器精确对中,再次精平,直至精确对中整平。

⑤GNSS 接收机仪器高可以量取测站点到测高片的斜高或垂直高。

(3)学生分组用对中杆安置 GNSS 接收机读取杆高。

①将 GNSS 接收机安装在对中杆顶端。

②安装天线。

③调整对中杆高度。

④从对中杆上读取杆高。

(4)学生认识 GNSS 接收机与手簿构造、键盘及操作界面。

①按开机键开机后,认识 GNSS 接收机主机操作界面及功能键的作用及含义,如图 11-4 所示。

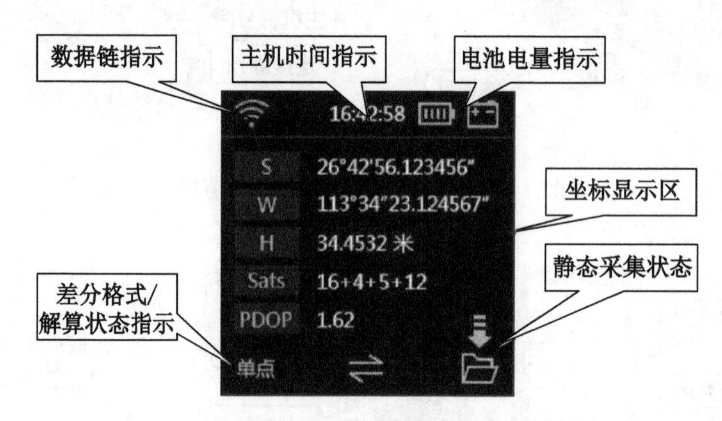

图 11-4　GNSS 主机显示屏

②进入手簿操作系统主界面,熟悉主界面功能模块,找到工程之星测量软件,进入工程之星软件操作主界面,如图 11-5 所示,进入工程之星程序后,了解并识别程序主界面主菜单及界面显示信息。

③进入工程之星主界面各功能模块查看对应子菜单,识别各主菜单子程序,如图 11-6 所示。

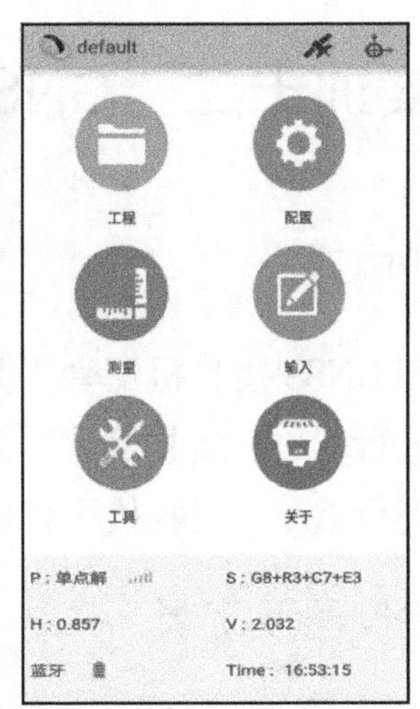

图 11-5　手簿开机到进入工程之星过程图

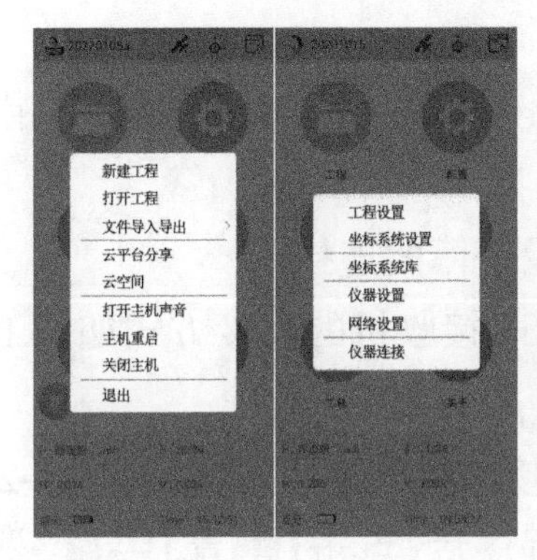

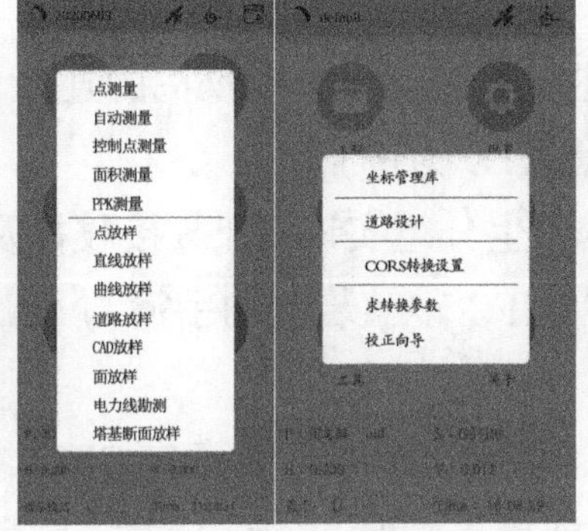

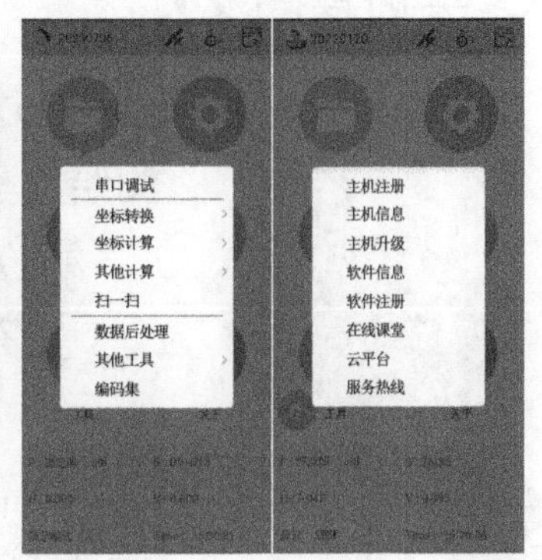

图 11-6　工程之星主界面功能模块子菜单

4. 实训注意事项

(1)GNSS 接收机主机及手簿电池安装要正确。

(2)区分 GNSS 接收机天线类型,正确安装天线。

(3)仪器与三脚架的连接螺旋要拧紧。

(4)架设三脚架时要正确安装测高片。

(5)记录好仪器高的类型,如斜高、杆高、直高等。

(6)GNSS 关机后再取下电池。

5. 想一想

(1)GNSS 接收机主要有哪几个功能键?

(2)了解工程之星测量软件的使用,牢记常用程序(仪器连接、仪器设置、网络设置、坐标管理库、求转换参数、点测量及点放样等)所在位置。

实训十二　GNSS 接收机及手簿基本设置操作

1. 实训内容

(1)识别 GNSS 接收机配套手簿测量程序操作设置界面。

(2)能进行 GNSS 接收机及手簿的连接设置。

(3)能进行 GNSS 接收机工作模式、数据链及其设置操作。

2. 实训仪器及工具

每小组到仪器室借领 GNSS 接收机 1 台、对中杆 1 个,并自备铅笔、记录板等。

3. 实训程序及方法

(1)实训指导教师现场讲述手簿与 GNSS 接收机的连接、基准站和移动站设置(以南方测绘创享 RTK 为例)。

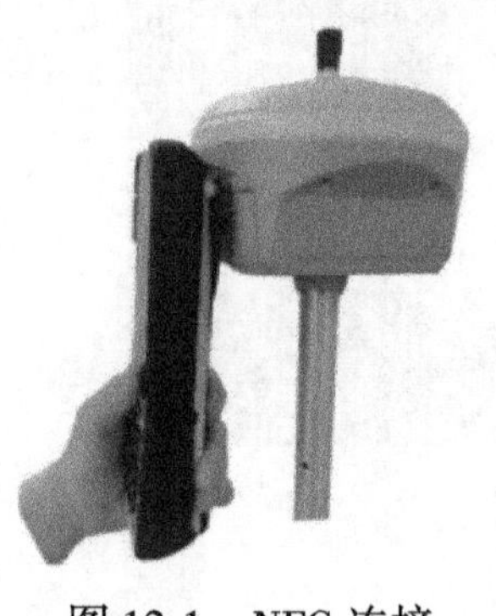

图 12-1　NFC 连接

(2)学生分组实训 GNSS 接收机及手簿的连接。

①有 NFC 碰触装置的手簿与 GNSS 接收机的连接方式如图 12-1 所示。

②有蓝牙管理器的手簿与 GNSS 接收机的连接方式如图 12-2 所示,具体连接步骤是:进入工程之星程序后,点击【配置】→【仪器连接】→【扫描】→按照主机设备编号选中相应设备→【连接】→输入 PIN 码进行配对,PIN 码默认为 1234,输入后确定,提示连接成功。

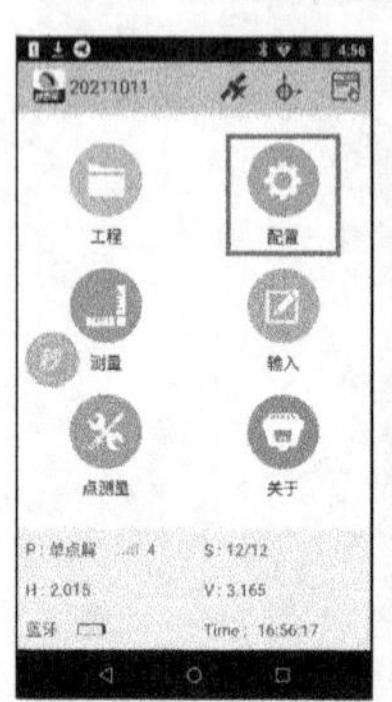

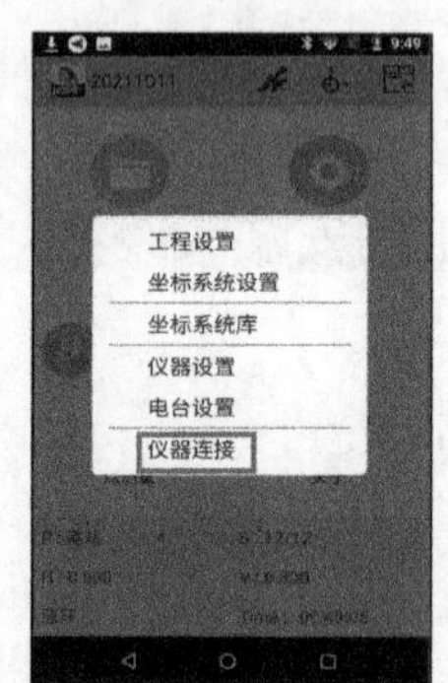

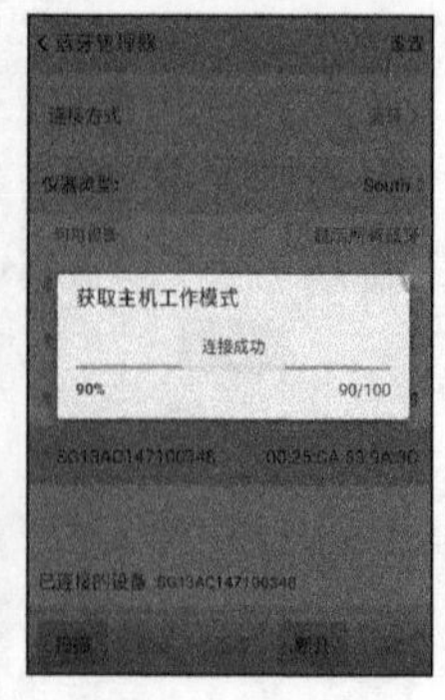

图 12-2　蓝牙管理器连接过程

(3)学生分组实训 GNSS 接收机工作模式设置操作。

①基准站设置。

进入工程之星程序后,点击【配置】→【仪器设置】→【基准站设置】→【数据链】,在数据链下拉菜单当中选择数据链模式:内置电台、接收机移动网络、外置电台、手机网络、接收机 WiFi 网络及星链模式选择→除外置电台模式外都会出现【数据链设置】按钮,如“内置电台”模式点击后可以进行电台通道、频率、功率档位、空中波特率等设置,“接收机移动网络”模式可以进行网络设置。

在【基准站设置】下可以进行差分格式、发射间隔、截止角、PDOP 的设置。

②移动站设置。

进入工程之星程序后,点击【配置】→【仪器设置】→【移动站设置】→【数据链】,在数据链下拉菜单当中选择数据链模式:内置电台、接收机移动网络、外置电台、手机网络、接收机 WiFi 网络及星链模式选择→除外置电台模式外都会出现【数据链设置】按钮,如“内置电台”模式点击后可以进行电台通道、频率、功率档位、空中波特率等设置,“接收机移动网络”模式可以进行网络设置。

在【移动站设置】下可以进行截止角的设置。设置成功后,仪器指示闪烁灯会闪烁,工程之星主界面状态栏“P”显示固定解状态。

4. 实训注意事项

(1)正确设置 GNSS 接收机工作模式。

(2)正确设置数据链。

(3)熟悉工程之星软件的使用。

5. 想一想

(1)简述 GNSS 接收机与手簿蓝牙连接步骤。

(2)GNSS 接收机工作模式有哪几种?

(3)选择电台模式与网络模式后分别需要设置什么?

实训十三　电台 1 + *N* 模式 RTK 测量

1. 实训内容

(1)能进行电台 1 + *N* 模式下 RTK 测量仪器安置与设置。

(2)能进行电台 1 + *N* 模式下 RTK 点测量。

(3)能进行电台 1 + *N* 模式下 RTK 点放样。

2. 实训仪器及工具

每小组到仪器室借领 GNSS 接收机 1 台、对中杆 1 个,并自备铅笔、记录板、U 盘等。以班级名义到仪器室另借 GNSS 接收机 1 台、基座 2 个、三脚架 2 个、大天线 1 个、外接电源 1 个、外置电台 1 个。

3. 实训程序及方法

(1)实训指导教师依据学生实训所用仪器设备,现场讲解并布置实训内容。

①演示并讲解电台 1 + *N* 模式 RTK 测量外置电台基准站架设(图 13-1)或演示并讲解内置电台基准站架设,如图 13-2 所示。

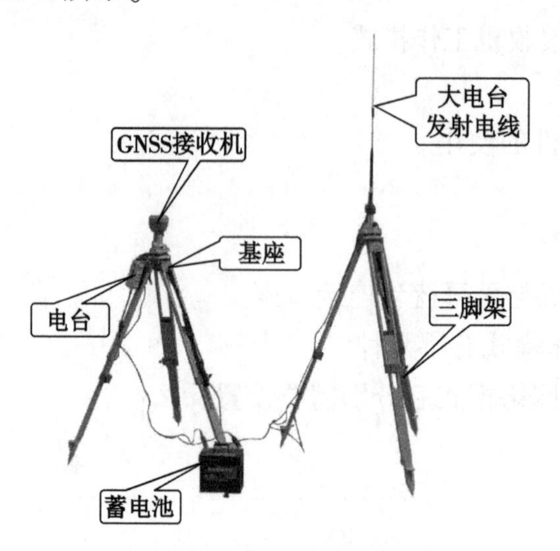

图 13-1　外置电台基准站

②演示并讲解电台 1 + *N* 模式 RTK 测量移动站的架设,如图 13-3 所示。

③讲解 RTK 点测量和 RTK 点放样的操作步骤与要领。

(2)学生分组实训 RTK 点测量。

①RTK 点测量前的准备工作。

a. 新建工程。

操作步骤:进入工程之星程序界面后,点击【工程】→【新建工程】→输入新建工程名称→【确定】→坐标系统设置【配置】→【坐标系统设置】→【目标椭球】→【椭球模板】→选择椭球→输入或获取中央子午线。

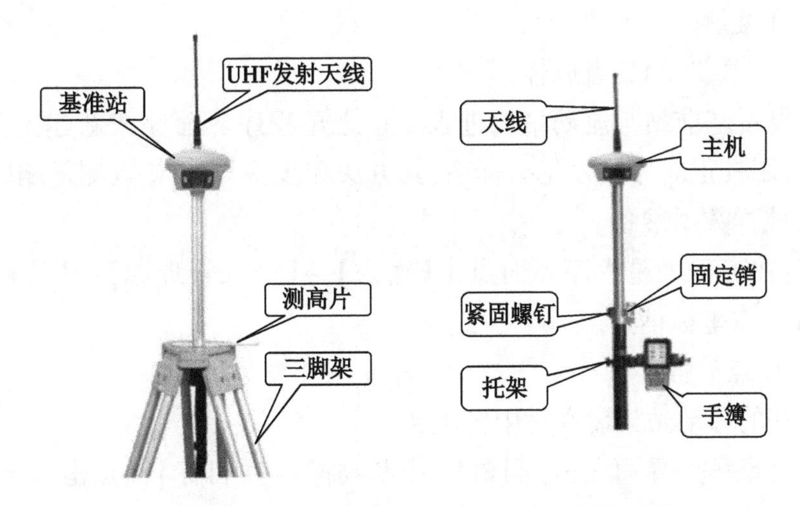

图 13-2　内置电台基准站　　　　图 13-3　移动站

b. 校正坐标系——求转换参数(四参数)。

操作步骤:在选定的已知点 A 上架设接收机,进入工程之星程序界面,点击【输入】→【求转换参数】→【添加】→输入或调用 A 点的坐标,再点击【定位获取】,屏幕显示 A 点输入和定位获取的坐标,按【保存】。然后在选定的已知点 B 上架设接收机,点击【添加】→输入或调用 B 点的坐标,再点击【定位获取】,屏幕显示 B 点输入和定位获取的坐标,按【保存】。点击【计算】→【应用】,这就完成了校正坐标系。

②进行 RTK 点测量。

a. 在选定的点上架设基准站,并进行相关设置。

b. 用对中杆架设移动站,并进行相关设置。

c. 在待测点上安置好移动站后,进入工程之星程序界面,点击【测量】→【点测量】→点击“采集键”或“A”→编辑点号→【保存】→【退出】,这就完成了该点的坐标测量。

d. 再把移动站依次安置到选定待测点上,用上一步即可完成点位坐标测量。

需要注意的是:当本时段 RTK 点测量未完成新建工程所规定的测量任务,在下一时段来继续测量时,其操作步骤是:

(a)打开已建工程。

操作步骤:在工程之星程序界面点击【工程】→【打开工程】→选中刚刚新建的工程→弹出窗口【确定】。

(b)用校正向导法校正坐标系。

操作步骤:进入工程之星程序界面,点击【输入】→【校正向导】→【基准站架设在未知点】→【下一步】→将移动站对中杆立于已知点上,输入该点的坐标、天线高和天线高的量取方式→【校正】→【确定】。

(c)进行 RTK 点测量(同前面所述)。

③RTK 点测量成果数据传输。

操作步骤:在工程之星程序界面点击【工程】→【文件导入导出】→【成果文件导出】→编辑导出文件名称,选择文件类型,点击【确定】→弹出导出成果窗口,点击【分享】→通过二维码、蓝牙、彩信、信息和 Android Beam(一种 NFC 共享功能)形式进行数据分享与传输。也可以导出后用 U 盘复制。

(3)学生分组实训 RTK 点放样。

①架设并设置基准站与流动站。进入工程之星程序界面完成新建工程、校正坐标系或打开已建工程、用校正向导法校正坐标系,其方法和步骤与 RTK 点测量相同。

②RTK 点放样数据准备。

操作步骤:在工程之星程序界面点击【输入】→【坐标管理库】→【放样点库】→【导入】或【添加】待放样点坐标信息。

③进行 RTK 点放样。

a. 把设置好的移动站架设在对中杆上;

b. 在工程之星程序界面点击【测量】→【点放样】→【目标】→点击需要放样的点后会返回到【点放样】界面,根据界面提示,前后左右变换移动站位置寻找待放样点位,当移动站手簿【点放样】界面提示 DX 东为 0.00,DY 北为 0.00 时,标定点位,该点就是所要放样的点。

4. 实训注意事项

(1)基准站安置要求:距易产生多路径效应的地物的距离应大于 200m,应有 10°以上地平高度角的卫星通视条件,距微波站和微波通道、无线电发射台、高压线穿越地带等电磁干扰区距离应大于 200m,避开采矿区、铁路、公路等易产生振动的地带。

(2)手簿与主机距离最好不要超过 15m。

(3)测得点坐标高程与实际差 1.8m 或 2m 左右。这是因为仪器高没有输入,测得的数据差了对中杆的高度。

(4)开机时主机嘀嘀嘀地响而且状态灯在电池充足的时候闪烁,这说明主机注册码过期。

5. 想一想

(1)校正坐标系有哪几种方法?什么情况下用校正向导法?

(2)用 RTK 进行首次测量没有转换参数情况下,至少需要几个已知点才能开展工作?

实训十四　网络 RTK 测量

1. 实训内容

(1)能进行网络 RTK 测量仪器安置与设置。
(2)能进行网络 RTK 点测量。
(3)能进行网络 RTK 点放样。

2. 实训仪器及工具

每小组到仪器室借领 GNSS 接收机 1 台、对中杆 1 个,并自备铅笔、记录板、计算用纸、小刀、U 盘等。

3. 实训程序及方法

(1)实训指导教师现场讲解并演示网络 RTK 测量移动站工作模式及数据链设置和网络设置方法。
(2)学生分组实训网络 RTK 点测量。
①在对中杆上架设 GNSS 接收机,即移动站。
②接收机主机与手薄蓝牙连接。
③接收机主机工作模式及数据链接设置。

操作步骤:在工程之星主界面点击【配置】,弹出菜单中选择【仪器设置】,进入仪器设置界面,选择【移动站设置】,进入移动站设置界面,在该界面点击【数据链】弹出对话框中,选择【手机网络】,如图 14-1 所示。

④RTK 网络设置。

操作步骤:在工程之星主界面点击【配置】→【仪器设置】→【移动站设置】→【CORS 连接设置】→【增加】→依次输入名称、IP、端口、账户、密码、接入点等相关参数,如图 14-2 所示,【模式】选择 NTRIP(移动站模式)→【确定】,在【模板参数管理】界面选中刚新增加的网络配置,点击【连接】→【确定】返回主页面,等待主机达到固定解即可进行点测量。

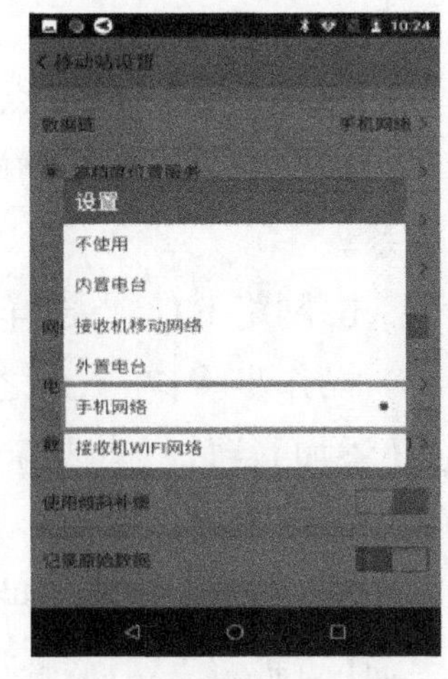

图 14-1　网络 RTK 数据链设置

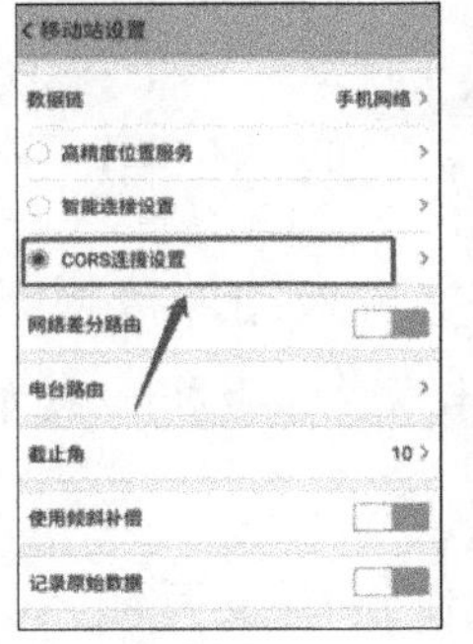

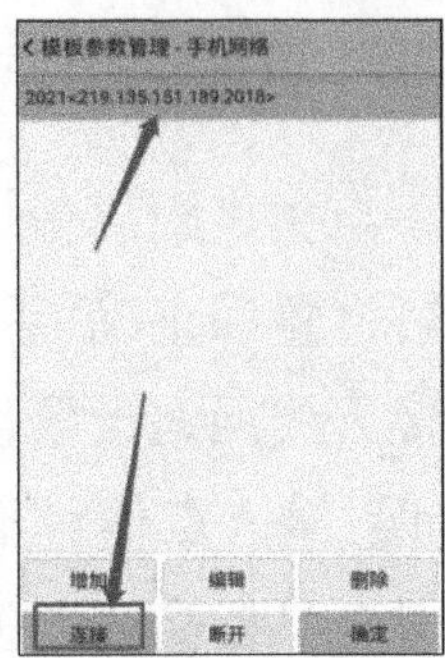

图 14-2　网络 RTK 网络设置

⑤新建工程。

操作步骤:进入工程之星程序界面后,点击【工程】→【新建工程】→输入新建工程名称→【确定】→坐标系统设置【配置】→【坐标系统设置】→【目标椭球】→【椭球模板】→选择椭球→输入或获取中央子午线。

⑥校正坐标系。

操作步骤:在选定的已知点 A 上架设接收机,进入工程之星程序界面,点击【输入】→【求转换参数】→【添加】→输入或调用 A 点的坐标,再点击【定位获取】,屏幕显示 A 点输入和定位获取的坐标,按【保存】。然后在选定的已知点 B 上架设接收机,点击【添加】→输入或调用 B 点的坐标,再点击【定位获取】,屏幕显示 B 点输入和定位获取的坐标,按【保存】。点击【计算】→【应用】,这就完成了校正坐标系。

⑦进行网络 RTK 点测量。

a. 在待测点上安置好移动站后,进入工程之星程序界面,点击【测量】→【点测量】→点击"采集键"或"A"→编辑点号→【保存】→【退出】,这就完成了该点的坐标测量。

b. 再把移动站依次安置到选定待测点上,用上一步即可完成点位坐标测量。

⑧网络 RTK 数据传输。

操作步骤:在工程之星程序界面点击【工程】→【文件导入导出】→【成果文件导出】→编辑导出文件名称,选择文件类型,点击【确定】→弹出导出成果窗口,点击【分享】→通过二维码、蓝牙、彩信、信息和 Android Beam 形式进行数据分享与传输。也可以导出后用 U 盘复制。

⑨进行网络 RTK 点放样。

a. 把设置好的移动站架设在对中杆上。进入工程之星程序界面完成新建工程、校正坐标系。

b. 网络 RTK 点放样数据准备。

操作步骤:在工程之星程序界面点击【输入】→【坐标管理库】→【放样点库】→【导入】或【添加】待放样点坐标信息。

c. 在工程之星程序界面点击【测量】→【点放样】→【目标】→点击需要放样的点后会返回到【点放样】界面,根据界面提示,前后左右变换移动站位置寻找待放样点位,当移动站手簿【点放样】界面提示 DX 东为 0.00,DY 北为 0.00 时,标定点位,该点就是所要放样的点。

4. 实训注意事项

(1)手簿与主机距离最好不要超过 15m。

(2)网络设置都正确,手机卡也不欠费,显示单点解。GNSS 主机未加外接网络天线。

(3)连接天线网络设置后仪器达不到固定解,原因有:手机卡欠费;手机卡接触不良;用户名密码错误,接入点信号不佳等。

(4)测得点坐标高程与实际差 1.8m 或 2m 左右。这是因为仪器高没有输入,测得的数据差了对中杆的高度。

(5)开机时主机嘀嘀嘀地响而且状态灯在电池充足的时候闪烁,这说明主机注册码过期。

5.想一想

(1)校正坐标系有哪几种方法?什么情况下用校正向导法?

(2)用网络 RTK 进行首次测量没有转换参数情况下,至少需要几个已知点才能开展工作?

实训十五　单点支导线测量与坐标计算

1. 实训内容

(1)掌握支导线的布设方法。

(2)能使用全站仪进行单点支导线外业测量。

(3)能进行数据处理并计算出导线点坐标。

2. 实训仪器及工具

每小组到仪器室借领全站仪 1 台、三脚架 3 个、棱镜 2 个、木桩若干、钢钉若干,并自备铅笔、计算器、记录板、导线测量记录表、计算用纸、小刀等。

3. 实训程序及方法

(1)实训指导教师现场为每实训小组布设三个导线点,指定路线方向,设定 *A*、*B* 两点为已知点,并给出 *A* 点坐标和 *B* 点坐标(或 *AB* 边坐标方位角),由小组成员自行选定待测点 *C*,通过单点支导线测量求出 *C* 点坐标,如图 15-1 所示。

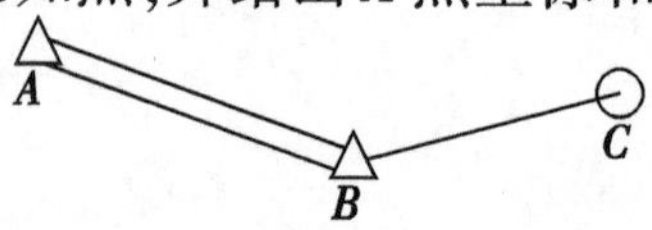

图 15-1　单点支导线示意图

(2)学生分组实训水平角测量,边长测量及单点支导线的内业计算。

①如图 15-1 所示,在 *B* 点安置全站仪,用方向观测法一测回观测目标点 *A*、*C*,即两个方向的水平角(左角),选择水平角显示方式为水平右(或 HR)。

②在方向观测法两个方向的水平角测量记录表中计算测回角值,若发现误差超限应重测。

③设置距离测量相关参数,照准 *C* 点棱镜,测量 *BC* 距离并记录,完成距离往测。

④将全站仪迁站至 *C* 点,棱镜迁站至 *B* 点,测量 *CB* 距离并记录,完成距离返测。

⑤往返测距离差,在规定范围内取平均值作为 *BC* 的导线边长。

⑥在实训指导教师的帮助下,根据给定的 *A*、*B* 坐标(或已知 *AB* 的方位角)反算 *BA* 边的方位角,由 *B* 点所测左角推算 *BC* 边方位角,结合所测 *BC* 边长计算 *BC* 边坐标增量,推算 *C* 点坐标。

4. 实训注意事项

(1)导线边测距要满足规范要求。

(2)要在待测导线边的导线点上分别安置仪器,进行往返双向观测。

(3)按相应等级水平角观测的测回数和限差要求观测水平角度。

(4)支导线也称自由导线,它从一个已知点出发不回到原点,也不附合到另外已知点,无法检核,故布设时应十分仔细,规范规定支导线支点不得超过 2 个。

(5)边测量边检核,误差超限要重测。

5. 想一想

(1)一般在什么情况下布设支导线？支导线的点数有没有要求？

(2)支导线测量过程中如何进行数据的检核？

实训十六 全站仪数字测图

1. 实训内容

(1)学会实地选择测区地形特征点。

(2)能进行全站仪野外数据采集。

(3)能进行全站仪数据导出与数据传输。

2. 实训仪器及工具

每小组到仪器室借领全站仪1台、三脚架1个、棱镜1个、对中杆1个,并自备铅笔、计算器、记录板、草图纸、计算用纸、小刀、U盘等。

3. 实训程序及方法

(1)实训指导教师现场讲述并布置实训任务。

①将测区划分为若干个作业区,明确测图任务和要求,测图前需要踏勘测区,收集整理测区已有资料,根据测区情况制定测图计划。

②现场讲述地形特征点的选择原则及方法。

③现场讲述全站仪野外数据采集流程。

④现场演示工作草图的绘制。

⑤现场演示全站仪数据导出与数据传输的操作方法。

(2)学生分组完成测图前的准备工作。

①明确测图任务和要求,进行测区踏勘。

②查清测区情况和平面、高程控制网点的分布情况,抄录有关平面控制和水准点高程等资料,根据测区情况制定测图计划。

③对仪器进行查验,查看所有附件是否齐全,工具是否完好。

(3)学生分组实施全站仪野外数据采集。

①在控制点或图根点上安置全站仪,进行相关设置并量取仪器高。

②通过键盘界面新建项目(工程)。

③已知点建站。点击【建站】下拉菜单的【已知点建站】进入已知点建站界面,输入:仪器高、棱镜高、测站点坐标。进行后视定向:照准选定的后视点,输入后视点坐标,完成定向。

④后视检查。点击【建站】下拉菜单的【后视检查】进入后视检查操作设置界面,按【重置】再次确保测站点至后视点方位角设置成功。

⑤野外数据采集并绘制草图。在键盘主界面点击【采集】模块下面的【点测量】后,照准待测点棱镜,点击【测量】键后,仪器将按照测量数据和输入数据计算坐标,这时点击【保存】键将测量结果进行保存。同时做好草图绘制。

通过【点测量】将测站四周所要采集的全部地形特征点采集完后,经过全面检查无误和无遗漏后，迁站并重复上述工作，直至完成整个野外数据采集。

⑥全站仪数据传输。操作步骤：在键盘键面点击【项目】→【导出】→选择导出位置、数据类型、数据格式、输入导出数据的文件名→导出数据→用U盘复制导出文件。

4. 实训注意事项

(1)在作业前应做好准备工作，全站仪的电池、备用电池均应充足电。

(2)仪器的对中偏差不应大于5mm，仪器高和棱镜高的精度应量至1mm。

(3)在每次观测时，要注意检查水准管气泡是否居中。

(4)施测过程中存储点位信息时，命名要规范、合理。

(5)外业数据采集时，记录及草图绘制应清晰、信息齐全。不仅要记录观测值及测站有关数据，同时还要记录编码、点号、连接点和连接线等信息，以方便绘图。

(6)一测站工作结束时，应检查有无地物地貌遗漏，确认无遗漏后，方可迁站。

(7)按图幅施测时，每幅图应测出图廓线外5mm；分区施测时，应测出各区界线外图上。

(8)每日观测完成后，宜将全站仪采集的数据转存至计算机，并应进行检查处理，应删除或标注作废数据、重测超限数据、补测错漏数据，应生成原始数据文件并应备份。

(9)用数据线连接全站仪和计算机时，应选择与全站仪型号相匹配的电缆，小心稳妥地连接。

5. 想一想

(1)总结全站仪野外数据采集工作流程。

(2)野外数据采集工作注意事项有哪些？

实训十七　网络 RTK 数字测图

1. 实训内容

(1)学会实地选择测区地形特征点。

(2)能进行网络 RTK 野外数据采集。

(3)能进行网络 RTK 数据导出与数据传输。

2. 实训仪器及工具

每小组到仪器室借领 GNSS 接收机 1 台、对中杆 1 个,并自备铅笔、计算器、记录板、草图纸、计算用纸、U 盘等。

3. 实训程序及方法

(1)实训指导教师现场讲述并布置实训任务。

①将测区划分为若干个作业区,明确测图任务和要求。

②现场讲述地形特征点的选择原则及方法。

③现场讲述草图法网络 RTK 野外数据采集流程。

④现场演示工作草图的绘制。

⑤现场演示 RTK 野外数据采集完成后数据导出与数据传输的操作方法。

(2)学生分组完成 RTK 野外采集数据前的准备工作。

①根据测区特点对测区进行“作业区”划分,可按图幅划分,也可以道路、河流、山脊线等明显线状地物为界对测区进行划分。

②根据测区情况制定测图计划。

③架设移动站,并完成网络 RTK 的相关设置,使仪器达到固定解状态。

④新建工程。

⑤校正坐标系。

(3)学生分组实施草图法网络 RTK 野外数据采集。

①在地形特征点上安置好移动站后,进入工程之星程序界面,点击【测量】→【点测量】→点击【采集】键或“A”→编辑点号→【保存】→【退出】,这就完成了该特征点的数据采集。

②再把移动站依次架设到选定特征点上,用①的步骤即可完成点位数据采集。

③边测边绘制工作草图,直至完成整个测区的野外数据采集。

④网络 RTK 数据传输。

4. 实训注意事项

(1)移动站接收机天线高设置宜与测区环境相适应,变换天线高时应对手簿作相应更改。

(2)移动站作业的有效卫星数不宜少于6个,多星座系统有效卫星数不宜少于7个,PDOP(空间位置精度因子)值应小于6,并应采用固定解成果。

(3)移动站的设置,应在对空开阔的地点进行。

(4)若作业中,出现卫星信号失锁,应重新设置,并在已知点测量检查合格后,继续作业。

(5)RTK测图分区作业时,应测出各区界线外图上5mm。

(6)测量结束前,应进行已知点检查,对RTK采集的数据应进行检查处理,应删除或标注作废数据、重测超限数据、补测错漏数据。

(7)每日观测完成后,应转存测量数据至计算机,并应做好数据备份。

(8)用数据线连接GNSS接收机和计算机时,应选择与GNSS接收机型号相匹配的电缆,小心稳妥地连接。

5. 想一想

(1)总结网络RTK野外数据采集工作流程。

(2)用GNSS-RTK进行数字测图有哪些要求?

实训十八　测图软件(CASS10.1)基本操作使用

1.实训内容

(1)初步认识CASS10.1的主界面。

(2)熟悉CASS10.1各菜单的基本功能。

(3)能进行CASS10.1的地形图的绘制。

2.实训仪器及工具

学生到测图实训机房,每人一台计算机,计算机装有配有AutoCAD 2010 ~ AutoCAD 2017任一款软件一套、CASS10.1一套,并自备铅笔、计算器、记录板、草图纸、计算用纸、小刀、U盘等。

3.实训程序及方法

(1)实训指导教师在机房使用计算机现场演示并讲述CASS10.1的主界面及各菜单的基本功能。

(2)实训指导教师在机房使用计算机,以C:\Cass10.1 For AutoCAD\DEMO\STUDY.DAT数据为例,现场演示CASS10.1绘制地形图的基本操作过程。

①定显示区。

操作步骤:顶部菜单【绘图处理】→【定显示区】→选择数据文件,如:C:\Cass10.1 For AutoCAD\DEMO\STUDY.DAT→命令区显示:最小坐标(米)和最大坐标(米)。

②选择测点点号定位成图法。

操作步骤:右侧菜单【测点点号】→选择数据文件(同上)→命令区提示"读点完成!共读入106个点"。

③展点。

操作步骤:顶部菜单【绘图处理】→【野外测点点号】→选择数据文件(同上)→屏幕上显示测点的点号。

④结合数据配套草图(图18-1)绘平面图。

a.设置绘图比例尺。

操作步骤:命令窗口输入500→回车。

b.平行高速公路绘制。

操作步骤:命令窗口输入92,回车→输入45,回车→输入46,回车→输入13,回车→输入47,回车→输入48,回车→回车→输入Y(曲线拟合),回车→1.边点式/2.边宽式<1>:回车(默认1)→输入对面一点19,回车。

c.房屋绘制。

(a)第一个多点混凝土房屋绘制:命令窗口右侧屏幕菜单【居民地/一般房屋】→【多点

混凝土房屋】→【OK】→输入49,回车→输入50,回车→输入51,回车→隔一点输入J,回车→输入52,回车→输入53,回车→闭合输入C,回车→输入层数1,回车。

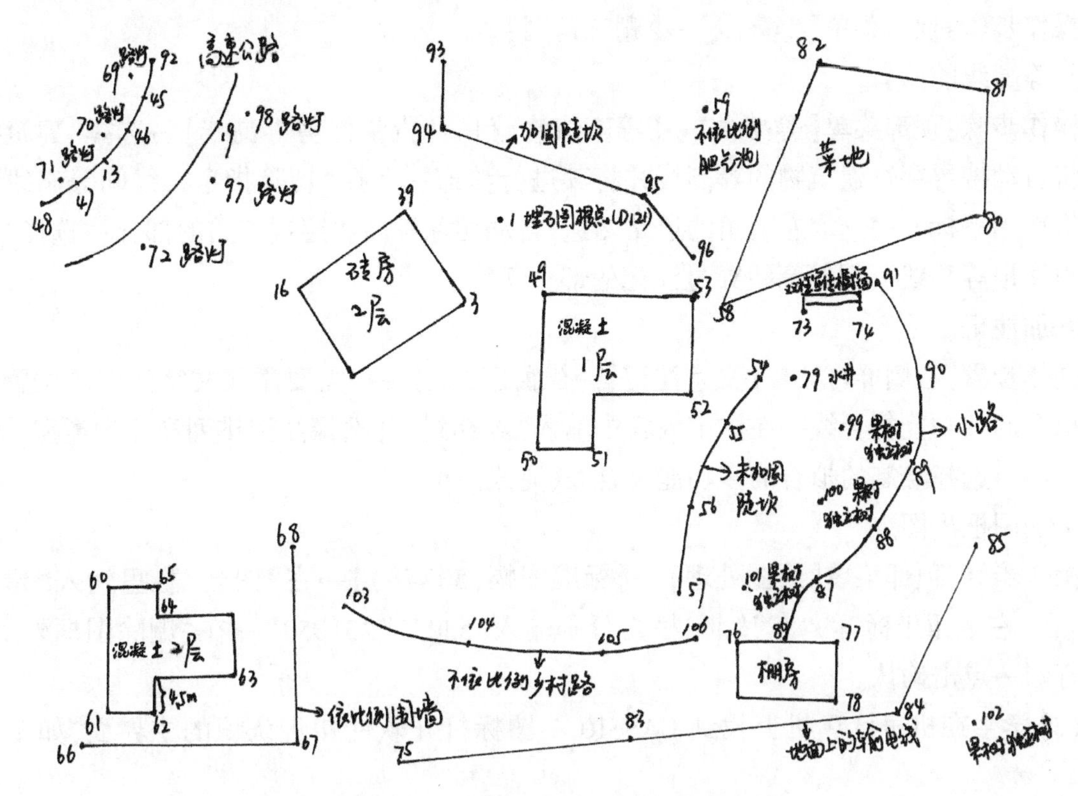

图18-1　STUDY.DAT数据配套草图

(b)连续多点混凝土房屋绘制:dd(快捷指令)→141111(编码)→输入60,回车→输入61,回车→输入62,回车→微导线输入N,回车→用鼠标左键在62点上侧一定距离处点一下→距离<m>:输入4.5,回车→输入63,回车→隔一点输入J,回车→输入64,回车→输入65,回车→闭合输入C,回车→输入层数2,回车。

d.其他地物绘制。

先将地物进行归类,利用右侧屏幕菜单【居民地】【交通设施】【地貌土质】【独立地物】【水系设施】【管线设施】【植被园林】和【控制点】,找到对应地物,按屏幕下方提示进行绘制。

⑤绘等高线。

a.展高程点。

操作步骤:顶部菜单【绘图处理】→【展高程点】→选择数据文件,如:C:\Cass10.1 For AutoCAD\DEMO\STUDY.DAT→命令区提示:"注记高程点的距离(米):"直接回车,表示不对高程点注记进行取舍,全部展出来。

b.建立DTM模型。

操作步骤:顶部菜单【等高线】→【建立DTM】→选择建立DTM的方式和坐标数据文件名→选择建模过程是否考虑陡坎和地性线→点击确定,生成DTM模型。

c.绘等高线。

操作步骤:顶部菜单【等高线】→【制等高线】→输入等高距→选择拟合方式→点击确

定,生成等高线。

d. 删除三角网。

操作步骤:顶部菜单【等高线】→【删三角网】。

e. 等高线的修剪。

操作步骤:顶部菜单【等高线】→【等高线修剪】→【批量修剪等高线】→选择“建筑物”,软件将自动搜寻穿过建筑物的等高线并将其进行整饰→选择“切除指定二线间等高线”,依提示依次用鼠标左键选取左上角的道路两边,自动切除等高线穿过道路的部分→选择“切除穿高程注记等高线”,把等高线穿过注记的部分切除。

⑥加注记。

操作步骤:右侧屏幕菜单【文字注记】→【通用注记】→在需要添加文字注记的位置绘制一条拟合的多功能复合线→在注记内容中输入“经纬路”并选择注记排列和注记类型→输入文字大小→选择绘制的拟合的多功能复合线,完成注记。

⑦加图框出图。

操作步骤:顶部菜单【绘图处理】→【标准图幅(50X40)】→在“图名”栏里输入“建设新村”→在“左下角坐标”的“东”“北”栏内分别输入“53073”“31050”→在“删除图框外实体”栏前打勾→点击确认。

(3)学生在机房计算机上找到 CASS10.1 图标打开软件初步认识的主界面,如图 18-2 所示。

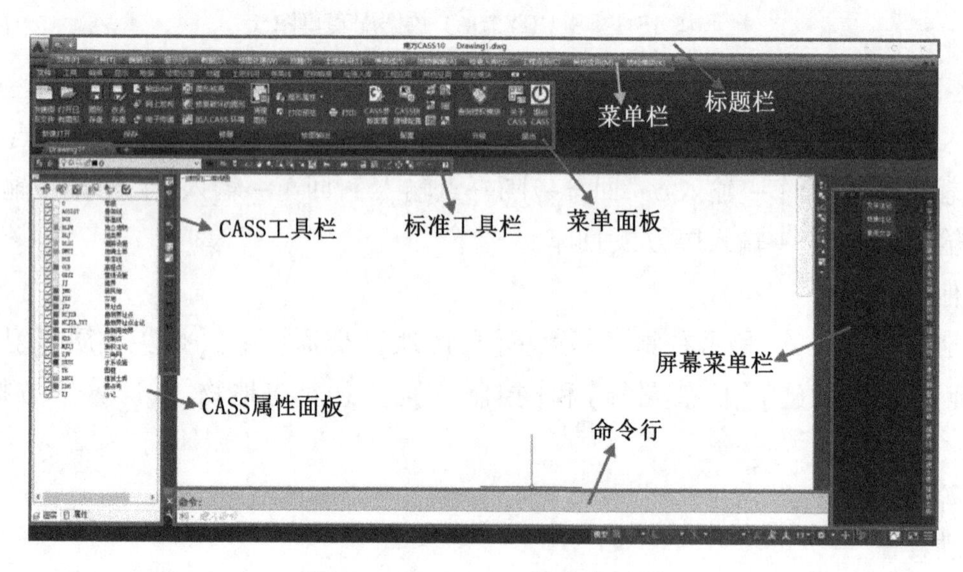

图 18-2　CASS10.1 软件主界面

(4)学生在机房计算机上探索认知 CASS10.1 各菜单的基本功能。

①CASS10.1 顶部菜单面板。

②CASS10.1 右侧屏幕菜单栏。

③CASS10.1 工具栏。

④CASS 属性面板。

(5)学生在机房计算机上实训 STUDY.DAT 数据的地形图绘制。

①定显示区。

②选择测点点号定位成图法。
③展点。
④绘平面图。
⑤绘等高线。
⑥加注记。
⑦加图框出图。

4. 实训注意事项

(1)绘制地形图时注意绘图符号的正确使用。
(2)掌握软件各个功能菜单的内容。

5. 想一想

(1)总结地形图绘制的操作流程。
(2)CASS10.1 软件与 AutoCAD 有什么区别?

实训十九　道路中桩高程测量(中平测量)

1. 实训内容

(1)理解中平测量的原理,熟悉中平测量的测量方法。

(2)能用水准仪进行中平测量并完成内业计算。

2. 实训仪器及工具

每小组到仪器室借领水准仪 1 台、三脚架 1 个、水准尺 2 把,并自备铅笔、计算器、记录板、中平测量记录表、计算用纸、小刀等。

3. 实训程序及方法

(1)实训指导教师现场讲述并布置实训内容。

①根据水准点的分布及测量要求选择合适的水准路线形式进行施测(布设形式为附合水准路线)。

②测量时水准仪应置于前视水准尺与后视水准尺两点中间,使前、后视的距离尽可能相等。

③演示用水准仪进行一个测站的观测与记录。

④讲述中平测量记录表格相关计算内容及要领。

(2)学生分组在选定的水准路线上进行一测段的中平测量,如图 19-1 所示。

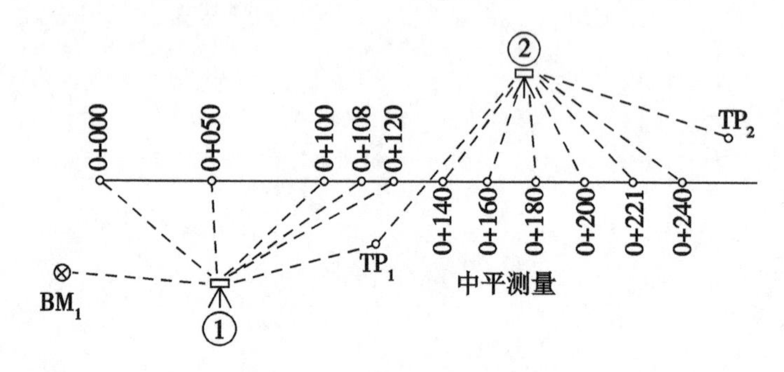

图 19-1　中平测量示意图

①仪器置于 1 站,后视水准点 BM_1,前视转点 TP_1,并将读数分别记入表 19-1 中“后视”栏和“前视”栏。

②观测 BM_1与 TP_1之间的中桩点,即在 0 + 000、0 + 020…0 + 080 等中桩点立尺,读数分别记入表中水准尺读数“中视”栏。

③仪器搬至 2 站,在前方适当位置选好转点 TP_2,仪器后转点 TP_1,前视转点 TP_2,将读数记入相应后视和前视栏。

④观测 TP_1和 TP_2之间的中间点,即在 0 + 100、0 + 120…0 + 180 各点立尺,读数记入“中间点”栏。

⑤按上述步骤继续向前观测,直至附合水准点 BM_2上,这样就完成了一个测段的观测

工作。

⑥计算当前测段的高差闭合差,若精度符合要求,可进行下一测段的观测工作,否则应返工重测。

中平测量记录表　　表 19-1

测点	水准尺读数(m)			视线高程(m)	高程(m)	备　注
	后视	中视	前视			
						基平测得 BM_2 的高程为:

复核:限差: $\pm 50\sqrt{L}$ =

计算值: $\Delta h_{基} - \Delta h_{中}$ =

校核: $h_{BM_2} - h_{BM_1}$ =

$\sum a - \sum b$ =

4. 实训注意事项

(1)在观测过程中先观测前视点,再观测中间点。

(2)前视与后视都应估读至 mm,视距一般不宜超过 100m。

(3)观测转点时,水准尺要立于尺垫、稳固的桩顶或坚石上。

(4)中间点可读数至 cm,四舍五入,立尺应在紧靠桩边的地面上。

(5)中平测量只做单程观测。一测段观测结束后,应计算测段高差。与基平所测测段两端点高差之差,称为测段高差闭合差。测段高差闭合差以 mm 为单位,要满足精度要求。

(6)记录数据时,最好把特殊位置的桩(如大的沟渠内的桩)在备注栏中标出,以便于回忆。

5. 想一想

(1)跨沟谷测量时,如何进行中桩测量?

(2)写出视线高程及中桩高程的计算公式。

实训二十　全站仪距离放样

1. 实训内容

(1)理解全站仪距离放样的原理,熟悉距离放样的相关知识。

(2)能使用全站仪正确地进行距离放样操作。

2. 实训仪器及工具

每小组到仪器室借领全站仪1台、三脚架1个、棱镜1个、对中杆1个、测钎1个、测钎支架1个、木桩若干、钢钉若干,并自备铅笔、计算器、记录板、计算用纸、小刀等。

3. 实训程序及方法

(1)实训指导教师现场讲述并布置实训任务。

①指定已知点及照准点点位,并给出待放样距离长度 D 的数值。

②演示全站仪距离放样的过程。

(2)学生在指定的测点上分组实训全站仪距离放样的基本操作过程,如图20-1所示。

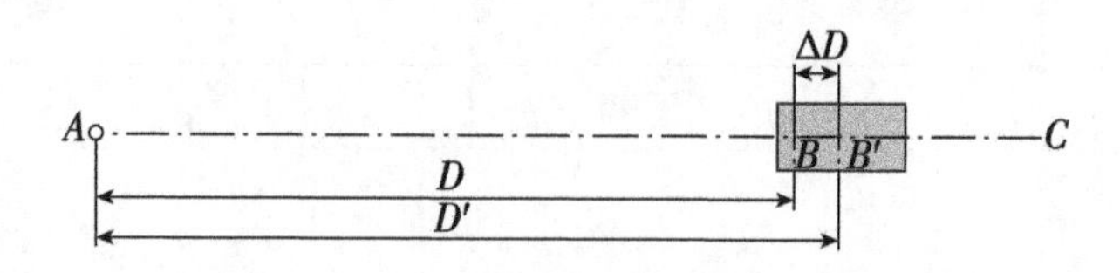

图20-1　距离放样过程图

设定 A 点为已知点,C 点为照准点。在 A 点与 C 点的连线上放样 B 点,且使 AB 直线距离为 D(假设 $D=35.123\text{m}$),则现场用全站仪进行距离放样步骤是:

①在已知点 A 安置全站仪,在 C 点安置测钎,照准 AC 方向。

②进行距离相关设置,选择合作目标,设置棱镜常数,进行气象改正,选择测距模式。

③进行距离测量,按【放样】键,选择水平距离,输入放样距离 D,沿 AC 方向在 B 点的大致位置安置棱镜,照准棱镜,测量,此时显示屏上显示实测距离与放样距离之差 d_{HD}。

④前后移动棱镜,使 d_{HD} 进入工程要求的误差范围内,钉设木桩并在桩顶用钉子标出待放样 B 点的点位。

4. 实训注意事项

(1)距离放样时输入的是水平距离。

(2)距离放样前参数要设置准确。

(3)点位标定要准确。

(4)距离放样中,定向后全站仪左右不能转动,只能指挥搭档左右移动来照准棱镜。

5. 想一想

采用全站仪进行距离放样时,如何才能准确又迅速?

实训二十一　高程放样

1. 实训内容

(1)理解高程放样的相关知识。

(2)能使用水准仪正确地进行高程放样操作。

2. 实训仪器及工具

每小组到仪器室借领水准仪 1 台、三脚架 1 个、水准尺 2 个、大木桩 1 个、3m 钢卷尺 1 个,并自备铅笔、计算器、记录板、计算用纸、小刀等。

3. 实训程序及方法

(1)实训指导教师现场讲述并布置实训任务。

①指定已知点及待放样高程点点位,并给出已知点高程及待放样高程点的设计高程;

②演示水准仪放样高程点位的过程。

(2)学生在指定点上分组进行高程点位放样。

如图 21-1 所示,设定 A 为已知点,其高程为 H_A,B 为待放样点,其设计高程为 H_B,则现场放样已知设计高程点 B 的高程点位。

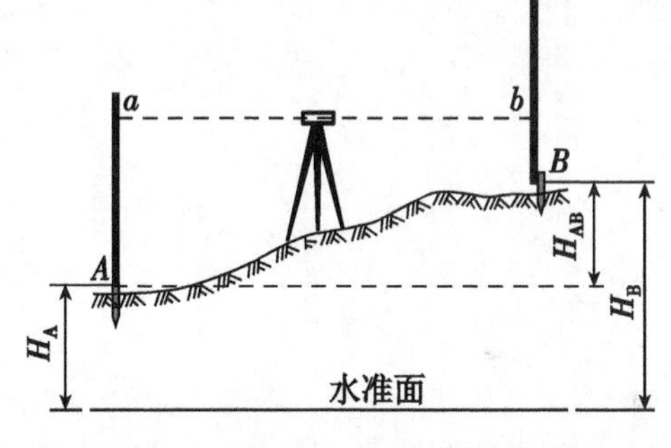

图 21-1　水准仪高程放样示意图

①在已知点 A 竖立水准尺,在指定待放样点 B 上钉设大木桩,靠 B 点木桩的侧面竖立水准尺。

②在已知高程点 A 和待放样点 B 的大致中间位置安置水准仪。

③用水准仪后视 A 处水准尺并记录读数为 a,据 B 点设计高程,计算 B 处的水准尺应有的前视读数 b。

④B 点的水准尺靠近木桩侧面上下移动,当水准仪在尺上的读数恰好为 b 时,在木桩的侧面紧靠尺底画横线,此横线处即为待放样点设计高程为 H_B 的位置。或者在 B 点桩顶竖立水准尺并读数 b',再用钢卷尺自桩顶向下量取 $b-b'$,就可以找到 H_B 的位置画横线。

⑤当设计高程高于桩顶,在木桩无法标出高程点位时,计算填土高度。

4. 实训注意事项

(1)水准仪尽量安置在两尺中间位置。

(2)水准尺要立直且读数要准确。

(3)表示高程点位的横线要画准。

(4)施工过程中实际放样点位需要考虑填料的松铺系数。

5. 想一想

(1)给定中桩点设计高程、路基宽度及横向坡度，如何利用水准仪进行边桩的高程放样？

(2)如何提高程放样速度？

实训二十二　全站仪元素法道路平曲线测设

1. 实训内容

(1)识别全站仪道路模块的操作设置界面。

(2)能用全站仪元素法进行道路平曲线测设。

2. 实训仪器及工具

每小组到仪器室借领全站仪 1 台、单棱镜 1 个、三脚架 1 个、对中杆 1 个,并自备铅笔、记录板、计算器、直线、曲线及转角表、计算用纸、小刀等。

3. 实训程序及方法

(1)实训指导教师讲解全站仪元素法道路设置界面的功能键及界面显示字母的意义,如图 22-1 所示。

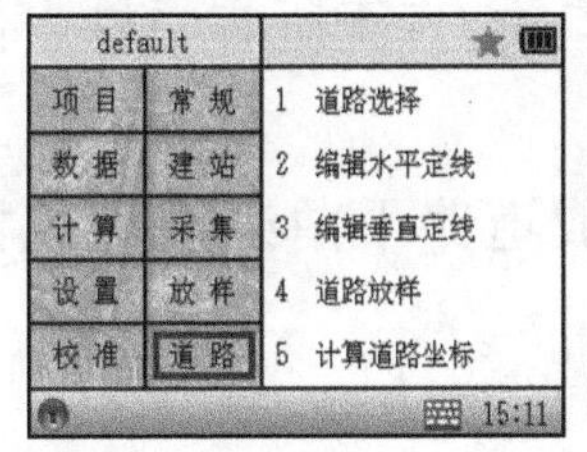

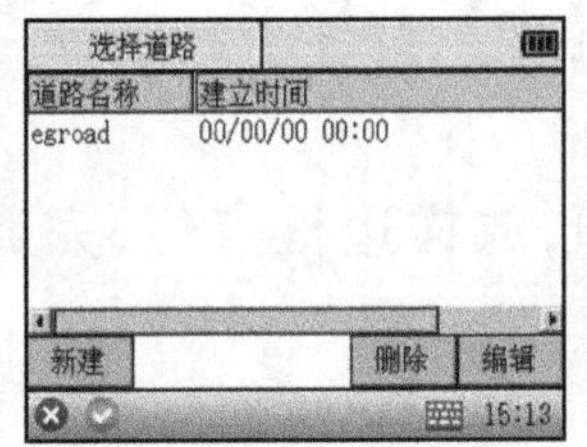

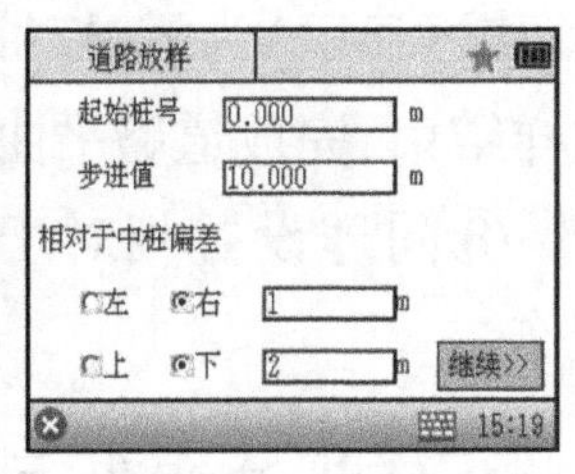

图 22-1　全站仪元素法道路设置界面

(2)实训指导教师现场讲述全站仪元素法道路平曲线测设过程及要领。

(3)学生分组实训全站仪元素法道路平曲线中桩和边桩放样。

①新建道路文件。

操作步骤:在全站仪道路模块操作设置界面点击【道路】→【道路选择】→【新建】→输入道路名称→【确定】,完成新建道路文件,选中该道路文件→【确定】,界面返回【道路】初始界面。

②编辑水平定线。

操作步骤:在全站仪道路模块操作设置界面点击【道路】→【编辑水平定线】→【添加】→第一个元素应为起始点,点击进入【起始点】设置界面,输入起始点里程、起始点北坐标、起始点东坐标及起始方位角,点击【确定】,起始点设置完毕→【添加】→根据直线、曲线及转角表,分别进入相应【水平定线】编辑界面,选择待添加的元素(直线、圆曲线、缓和曲线),完成参数设置,如图 22-2 所示。

需要注意的是:直线需要输入直线的长度,长度值要大于零。圆曲线需要输入半径及弧长;输入圆曲线的半径,正数为右转,负数为左转;输入圆曲线的弧长,必须为正值。缓和曲线需要输入参数、起始半径和结束半径;输入缓和曲线参数,正数为向右转,负数为向左转;输入缓和曲线的起始半径和结束半径,只能为正数,当半径为∞时,为方便输入,只需输入半径为0即可。

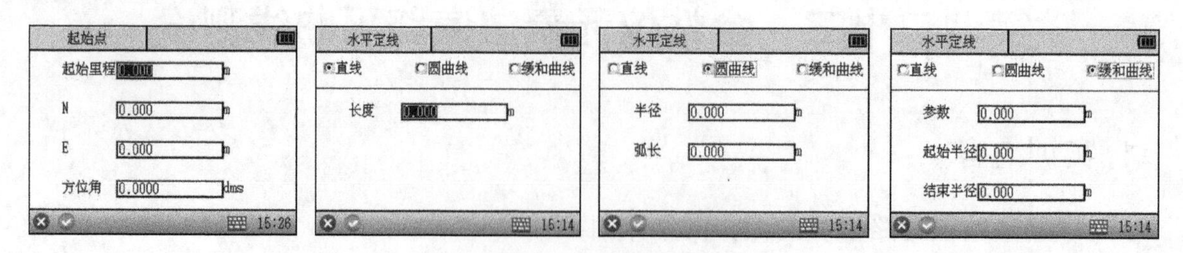

图22-2　编辑水平定线设置

③选择已知点作为测站点并安置全站仪，选择另一已知点作为后视点并安置棱镜。

④进行距离测量相关设置，选择合作目标，设置棱镜常数、气象改正及测距模式。

⑤进入【已知点建站】操作界面，输入相关信息，完成建站工作。

⑥进入【后视检查】操作界面，完成后视检查工作。

⑦进入道路模块中的道路放样，放样道路平曲线的中桩。

操作步骤：在全站仪道路模块操作设置界面点击【道路】→【道路放样】→输入起始桩号，输入桩距（步进值），相对于中桩偏差为0，点击【继续】→进入【道路放样】界面→转动仪器找准方向，使左右方向偏差（即左转、右转显示）为零，再指挥棱镜使前后距离偏差（即移远、移近显示）为零，打桩标定中桩点位。点击【加】，放样下一中桩点位，直至所有中桩点位放样结束，完成道路平曲线中线的放样。

⑧同理设置相对于中桩偏差左值或右值，放样边桩点位，完成道路平曲线边桩放样工作。

4. 实训注意事项

（1）道路放样前需要进行距离测量相关参数设置。

（2）道路放样前必须建站，即完成测站点设置和后视工作。

（3）道路放样前做后视检查确保已知方向的方位角设置正确。

（4）元素法设计道路平曲线后要点击图形查看线形，确保设计平曲线线形正确。

5. 想一想

（1）元素法中的元素有哪些？分别需要设置哪些参数？

（2）如果没有建站就进行道路放样会出现什么后果？

实训二十三　全站仪交点法道路平曲线测设

1. 实训内容

(1)识别全站仪道路模块的操作设置界面。

(2)能用全站仪交点法进行道路平曲线测设。

2. 实训仪器及工具

每小组到仪器室借领全站仪1台、单棱镜1个、三脚架1个、对中杆1个,并自备铅笔、记录板、计算器、直线、曲线及转角表、计算用纸、小刀等。

3. 实训程序及方法

(1)实训指导教师讲解全站仪交点法道路设置界面的功能键及界面显示字母的意义,如图23-1所示。

图23-1　全站仪交点法道路设置界面

(2)实训指导教师现场演示交点法放样道路平曲线过程与要领。

(3)学生分组实训全站仪交点法道路平曲线中桩和边桩放样。

①交点设置。

操作步骤:在全站仪键盘操作界面点击【程序】→【道路设计】→【+】→输入道路名称,选择平曲线→【确定】;进入交点法设置界面→点【设置】图标,设置加桩方式、起始里程及间隔→【+】→增加起点信息→【+】→增加交点信息:第一缓曲长度、曲线半径、第二缓曲长度、第一缓曲起点半径、第二缓曲终点半径数→【确定】;完成平曲线交点的增加→将道路上所有交点依次设置。

②选择已知点作为测站点并安置全站仪,选择另一已知点作为后视点并安置棱镜。

③进行距离相关设置,选择合作目标,设置棱镜常数、气象改正及测距模式。

④进入【已知点建站】操作界面,输入相关信息,完成建站工作。

⑤进入【后视检查】操作界面,完成后视检查工作。

⑥用交点法放样道路平曲线的中桩。

操作步骤:在全站仪键盘操作界面点击【程序】→【中线放样】→选择要放样道路文件→【打开】→输入起始里程,输入桩距(步进值),相对于中桩偏差为0→【下一步】→进入【道路放样】界面→转动仪器找准方向,指挥棱镜进行中桩点位放样,放样同“实训十　全站仪放样测量”→【下一点】,放样下一中桩点位直至所有中桩点位放样结束,完成道路平曲线中线的放样。

⑦同理设置相对于中桩偏差左值或右值,放样边桩点位,完成道路平曲线边桩放样工作。

4. 实训注意事项

(1)道路放样前需要进行距离测量相关参数设置。

(2)道路放样前必须建站,即完成测站点设置和后视工作。

(3)道路放样前做后视检查确保已知方向的方位角设置正确。

(4)交点法设计道路平曲线后要点击图形查看线形,确保设计平曲线线形正确。

5. 想一想

(1)交点法中的交点需要输入哪些元素?

(2)如果没有建站就进行道路放样会出现什么后果?

实训二十四　网络 RTK 元素法道路平曲线测设

1. 实训内容

(1)识别道路设计、道路放样的操作设置界面。

(2)能用网络 RTK 元素法进行道路平曲线测设。

2. 实训仪器及工具

每小组到仪器室借领 GNSS 接收机 1 台、对中杆 1 个,并自备铅笔、记录板、计算器、直线、曲线及转角表、计算用纸、小刀等。

3. 实训程序及方法

(1)实训指导教师现场讲述网络 RTK 元素法进行道路平曲线测设的方法与技巧,并指导各小组完成下列实训准备工作。

①完成网络 RTK 移动站的架设、主机与手簿的连接、工作模式及数据链设置、网络设置。

②新建工程。

③校正坐标系。

④使得各小组移动站达到固定解状态。

(2)学生分组实训网络 RTK 元素法进行道路平曲线中桩和边桩放样。

①进行 RTK 元素法道路平曲线设计,如图 24-1 所示。

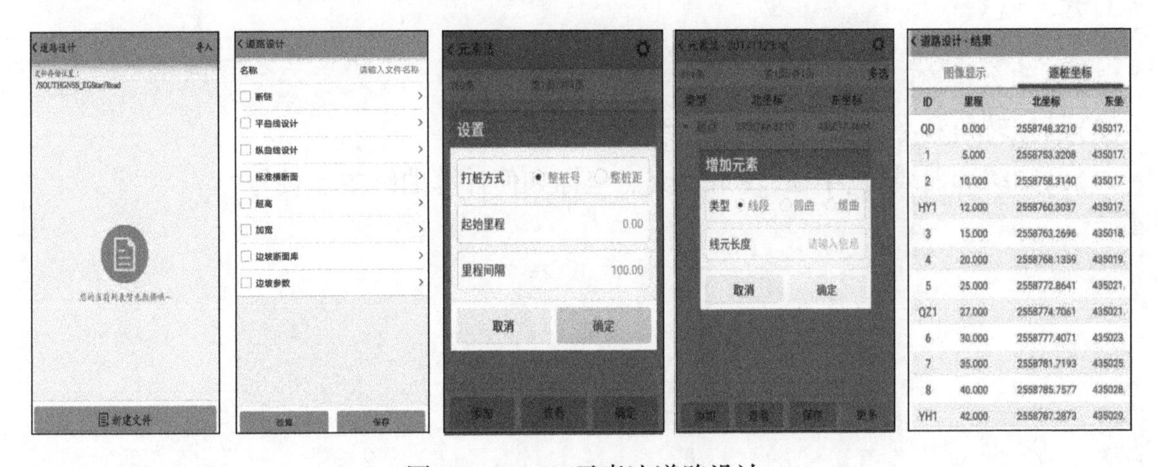

图 24-1　RTK 元素法道路设计

操作步骤:在工程之星主界面点击【输入】→【道路设计】→【新建文件】→输入道路名称。点击【平曲线设计】→选择【元素法】→进入元素法设计界面,进行道路数据输入,点击右上角的【⚙】→进入设置界面,设置加桩方式,输入起始点里程及间隔→【添加】,输入起点坐标及方位角→【添加】根据直线、曲线及转角表,选择待添加的元素(直线、圆曲线、缓和曲线),分别进入相应编辑界面,完成参数设置。

直线需要输入线元长度。圆曲线需要输入线元长度、半径及偏向。缓和曲线需要线元长度、起点半径、终点半径及偏向。输入完毕后【确定】→【查看】,可以查看整体线形及逐桩坐标,与施工方提供逐桩坐标进行核对。

②道路中桩放样。

操作步骤:工程之星主界面→【测量】→【道路放样】→【目标】→【打开】选中待放样的道路名称,【确定】→【目标】→选中待放样里程桩号→【点放样】,进入点放样界面,根据界面提示及导航信息,手持移动站者前后左右找到待放样中桩点位,定点打桩。同样用上述点放样的方法依次放样道路各中桩,完成道路平曲线中线放样工作。

③道路边桩放样。

操作步骤:工程之星主界面→【测量】→【道路放样】→【目标】→【打开】选中待放样的道路名称,【确定】→【加桩】→输入点名、里程及偏距生成边桩加桩点→【点放样】,进入放样界面根据界面提示及导航信息,手持移动站者前后左右找到待放样边桩点位,定点打桩。同样用上述点放样的方法依次放样道路各边桩,完成道路边桩放样工作。

4.实训注意事项

(1)手簿与主机距离最好不要超过15m。

(2)网络设置都正确,手机卡也不欠费,显示单点解。GNSS主机未加外接网络天线。

(3)连接天线网络设置后仪器达不到固定解,原因有:手机卡欠费;手机卡接触不良;用户名密码错误;接入点信号不佳等。

(4)开机时主机嘀嘀嘀地响而且状态灯在电池充足的时候闪烁,这说明主机注册码过期。

5.想一想

(1)为什么要校正坐标系?

(2)已知转角和半径如何计算圆曲线长度?

(3)已知缓和曲线长、半径、转角及交点坐标如何计算曲线主点桩号?

实训二十五　网络 RTK 交点法道路平曲线测设

1. 实训内容

(1)识别道路设计、道路放样的操作设置界面。

(2)能用网络 RTK 交点法进行道路平曲线测设。

2. 实训仪器及工具

每小组到仪器室借领 GNSS 接收机 1 台、对中杆 1 个,并自备铅笔、记录板、计算器、直线、曲线及转角表、计算用纸、小刀等。

3. 实训程序及方法

(1)实训指导教师现场讲述网络 RTK 交点法进行道路平曲线测设的方法与技巧,并指导各小组完成下列实训准备工作。

①完成网络 RTK 移动站的架设、主机与手簿的连接、工作模式及数据链设置、网络设置。

②新建工程。

③校正坐标系。

④使得各小组移动站达到固定解状态。

(2)学生分组实训网络 RTK 交点法进行道路平曲线中桩和边桩放样。

①进行 RTK 交点法道路平曲线设计,如图 25-1 所示。

图 25-1　RTK 交点法道路设计

操作步骤:打开工程之星→【输入】→【道路设计】→【新建文件】→输入道路名称。点击【平曲线设计】→选择【交点法】→进入交点法设计界面,进行道路数据输入。点击右上角的【 】→进入设置界面,设置加桩方式,输入起始点里程及间隔→【添加】,输入起点名及坐标→【添加】根据直线、曲线及转角表,依次添加各交点信息(交点名、坐标、第一缓和曲线长度、半径、第二缓和曲线长度、第一缓和曲线起点半径及第二缓和曲线起点半径)。

输入完毕后【确定】→【查看】,可以查看整体线形及逐桩坐标,与施工方提供逐桩坐标进行核对。

②道路中桩放样。

操作步骤:工程之星主界面→【测量】→【道路放样】→【目标】→【打开】选中待放样的道路名称,【确定】→【目标】→选中待放样里程桩号→【点放样】,进入点放样界面,根据界面提示及导航信息,手持移动站者前后左右找到待放样边桩点位,定点打桩。同样用上述点放样的方法依次放样道路各中桩,完成道路平曲线中线放样工作。

③道路边桩放样。

操作步骤:工程之星主界面→【测量】→【道路放样】→【目标】→【打开】选中待放样的道路名称,【确定】→【加桩】→输入点名、里程及偏距生成加桩点→【点放样】,进入放样界面根据界面提示及导航信息,手持移动站者前后左右找到待放样边桩点位,定点打桩。同样用上述点放样的方法依次放样道路各边桩,完成道路边桩放样工作。

4. 实训注意事项

(1)手簿与主机距离最好不要超过15m。

(2)网络设置都正确,手机卡也不欠费,显示单点解。GNSS主机未加外接网络天线。

(3)连接天线网络设置后仪器达不到固定解,原因有:手机卡欠费;手机卡接触不良;用户名密码错误;接入点信号不佳等。

(4)开机时主机嘀嘀嘀地响而且状态灯在电池充足的时候闪烁,这说明主机注册码过期。

5. 想一想

(1)已知三个交点坐标如何计算转角值?

(2)已知转角值、半径及缓和曲线长,如何计算主点元素?

第二部分

工程测量习题集

模块一　绪　　论

一、单项选择题(将下列各题的正确答案序号填写在括号中)

1.地面点到大地水准面的铅垂距离称为该点的(　　)。

A.相对高程　　B.绝对高程　　C.高度　　D.高差

2.地面点的空间位置是用(　　)来表示的。

A.坐标和高程　　B.平面直角坐标　　C.地理坐标　　D.高差和角度

3.(　　)是整个测量过程中的重要环节,它起着控制全局的作用。

A.距离测量　　B.控制测量　　C.高差测量　　D.角度测量

4.距离测量、角度测量和(　　)测量是测量的基本工作。

A.高差　　B.方位角　　C.等高线　　D.地貌

5.大地水准面是(　　)。

A.一个规则的平面　　B.计算工作的基准面

C.测量工作的基准面　　D.一个规则的曲面

6.大地水准面是通过(　　)的水准面。

A.中央子午线　　B.地球椭球面　　C.平均海水面　　D.赤道

7.水准面是一个处处与重力方向(　　)的连续曲面。

A.垂直　　B.平行　　C.斜交　　D.重合

8.已知某地面点的高斯坐标为(3577358.23m,36758497.13m),则该点位于第(　　)带内。

A.34　　B.36　　C.35　　D.18

9.已知某点位于东经119°,按高斯6°投影计算它位于(　　)带。

A.20　　B.19　　C.18　　D.21

10.测量工作应遵循的原则是(　　)。

A.在测量布局上要“从整体到局部”　　B.在测量精度上要“由高级到低级”

C.在测量程序上要“先控制后碎部”　　D.以上选项都是

二、判断题(下列各题描述正确的在括号内填√,错误的填×)

1.在道路工程建设中,道路、桥梁、隧道的勘测、设计、施工、竣工及养护维修的各个阶段都离不开测绘。(　　)

2. 水准面是一个处处与重力方向平行的连续曲面。（　　）

3. 大地水准面实际上是一个有微小起伏的不规则曲面。（　　）

4. 在大地坐标系中，地面点在旋转椭球面上的投影位置用大地经度 L 和大地纬度 B 来表示。（　　）

5. 世界坐标系（WGS-84）和 2000 国家大地坐标系（CGCS2000）都是大地坐标系。（　　）

6. 在测量工作中，距离、角度、高程是确定地面点位置的三个基本元素。（　　）

7. 当测量的范围较小时，可以把该测区的球面当作平面看待，直接将地面点沿铅垂线投影到水平面上，用平面直角坐标来表示它的投影位置。（　　）

8. 对于任何一项测量任务，必须先进行整体性的控制测量，然后以控制点为基础进行局部的碎部测量。（　　）

三、思考题

1. 什么叫水准面、大地水准面、水平面？

2. 高斯平面直角坐标系纵横坐标的确立原则是什么？

3. 什么叫绝对高程(海拔)？什么叫相对高程？什么叫高差？

4. 确定地面上点的位置需要哪些元素？确定地面点位的三项基本测量工作是什么？

5. 什么是控制测量？

6. 测量工作应遵循怎样的原则？

四、计算题

1. 已知某点所在高斯平面直角坐标系中的坐标：$X = 4357000\text{m}$，$Y = 19437000\text{m}$。问该点位于高斯 6°分带投影的第几带？该带中央子午线的经度是多少？该点位于中央子午线的东侧还是西侧？

2. 某地区采用独立的假定高程系统，已测得 A、B、C 三点的假定高程为：$H'_A = +6.567\text{m}$，$H'_B = \pm 0.000\text{m}$，$H'_C = -3.254\text{m}$。今由国家水准点引测，求得 A 点高程为 $H_A = 417.500\text{m}$，试计算 B 点、C 点的绝对高程是多少？

模块二 水准测量

一、单项选择题(将下列各题的正确答案序号填写在括号中)

1. 已知 A 点的高程为 H_A,A 点至 B 点的高差为 h_{AB},则 B 点的高程为(　　)。

A. $H_B = H_A + h_{AB}$　　B. $H_B = H_A - h_{AB}$

C. $H_B = h_{AB} - H_A$　　D. $H_B = H_A$

2. 水准仪的望远镜能在(　　)转动。

A. 竖直方向　B. 任意方向　C. 水平方向　D. 不能

3. 水准仪圆水准器轴应与仪器竖轴(　　)。

A. 倾斜　B. 垂直　C. 错开　D. 平行

4. 水准仪十字丝的横丝应与仪器竖轴(　　)。

A. 倾斜　B. 垂直　C. 错开　D. 平行

5. 水准仪水准管轴应与望远镜视准轴(　　)。

A. 倾斜　B. 垂直　C. 错开　D. 平行

6. 微倾式水准仪的技术操作程序分四步进行,即(　　)。

A. 粗平—照准—精平—读数　　B. 粗平—精平—照准—读数

C. 照准—粗平—精平—读数　　D. 粗平—照准—检查—读数

7. 自动安平水准仪的技术操作程序分四步进行,即(　　)。

A. 粗平—照准—精平—读数　　B. 粗平—精平—照准—读数

C. 照准—粗平—精平—读数　　D. 粗平—照准—检查—读数

8. 以下为双面尺红面刻划尺底常数的是(　　)。

A. 4687cm　B. 4687mm　C. 4587cm　D. 4688mm

9. (　　)就是转动微倾螺旋将水准管气泡居中,使视线精确水平。

A. 精平　B. 照准　C. 粗平　D. 检查

10. 为了保证读数的准确性,读数时要先估读(　　)数。

A. m　B. cm　C. mm　D. dm

11. 从一已知水准点 BM_A 出发,经过测量各测段的高差,求得沿线其他各点高程,最后又闭合到 BM_A 的环形路线称为(　　)。

A. 闭合水准路线　B. 附合水准路线　C. 支水准路线　D. 普通水准路线

12. 普通水准测量通常用经检校后的水准仪施测。水准尺采用塔尺或单面尺,测量时水准仪应置于(　　)。

A. 任意位置　B. 两水准尺前方　C. 两水准尺后方　D. 两水准尺中间

二、判断题(下列各题描述正确的在括号内填√,错误的填×)

1. 已知 a、b 是用水准仪在某一测站照准后视点 A 和前视点 B 的水准尺时直接读取的后、前视读数值,则 A、B 两点之间的高差 $h_{AB} = a - b$。　(　　)

2. A 点为已知高程的点,通常称为前视点,其读数 a 为前视读数,而 B 点称为后视点,其

读数 b 为后视读数。 （ ）

3. A、B 两点之间的高差 h_{AB} 无正负之分。 （ ）

4. 从地面点 A 至地面点 B 进行水准测量，后视读数为 a，前视读数为 b，且 a 大于 b 时，这种情况是 B 点高于 A 点，地形为上坡。 （ ）

5. 要测算地面上两点间的高差或点的高程，视线是否水平对测量结果没有影响。 （ ）

6. 自动安平水准仪技术操作程序中的检查就是按动自动安平水准仪目镜下方的补偿控制按钮，查看“补偿器”工作是否正常。 （ ）

7. 在自动安平水准仪粗平后，按动一次按钮，如果目标影像在视场中晃动，说明“补偿器”工作不正常。 （ ）

8. 粗平就是通过调整脚螺旋，将圆水准气泡居中，使仪器竖轴处于铅垂位置，视线概略水平。 （ ）

9. 如果水准路线的高差闭合差 f_h 大于或等于其容许的高差闭合差 $f_{h容}$，即 $f_h \geqslant f_{h容}$，就认为外业观测成果合格，否则须进行重测。 （ ）

三、思考题

1. 简述水准仪粗平的具体做法。

2. 简述消除视差的具体做法。

3. 为了保证水准仪读数的准确性，读数时需要注意哪些问题？

4. 简述四等水准测量一个测站的观测顺序。

5. 影响水准测量成果的主要因素有哪些？

四、计算题

1. 已知 A 点高程为 51.543m，将水准仪置于 A、B 两点之间，在 A 点尺上的读数 $a = 1.246\text{m}$，在 B 点尺上的读数 $b = 0.387\text{m}$，试分别用高差法和视线高法求 B 点高程，并绘图说明水准测量的原理。

2. 如题表 2-1 所示为某水准路线的测段水准测量记录表，试计算出各测站高差和 B 点高程。

水准测量记录表 题表 2-1

测　点	标尺读数(m)		高差(m)		高程(m)	备　注
	后视	前视	+	−		
A	1.753					$H_A = 60.000\text{m}$
ZD_1	1.425	1.157				
ZD_2	0.761	0.572				
ZD_3	1.354	1.432				
B		0.357				
Σ						
计算检核						

3. 题图 2-1 是某闭合水准路线观测成果示意图。在题表 2-2 中进行高差闭合差调整，并计算各点高程。

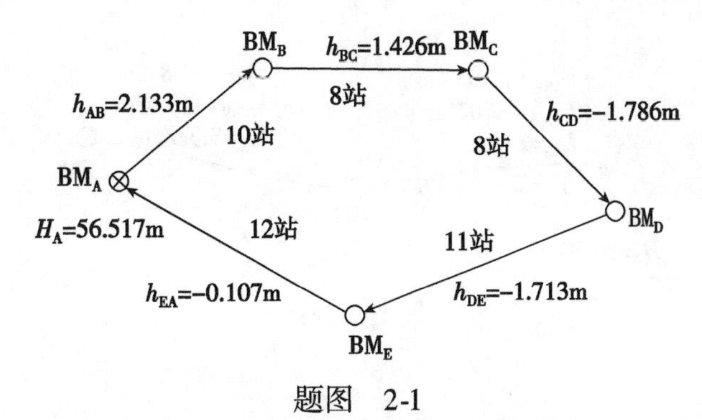

题图　2-1

水准路线高差闭合差调整计算表　　题表 2-2

测　　点	测站数	实测高差(m)	改正数(m)	改正后高差(m)	高程(m)	备　　注
BM_A						
BM_B						
BM_C						
BM_D						
BM_E						
BM_A						
Σ						

4. 题图 2-2 是某闭合水准路线观测成果示意图。在题表 2-3 中进行高差闭合差调整，并计算各点高程。

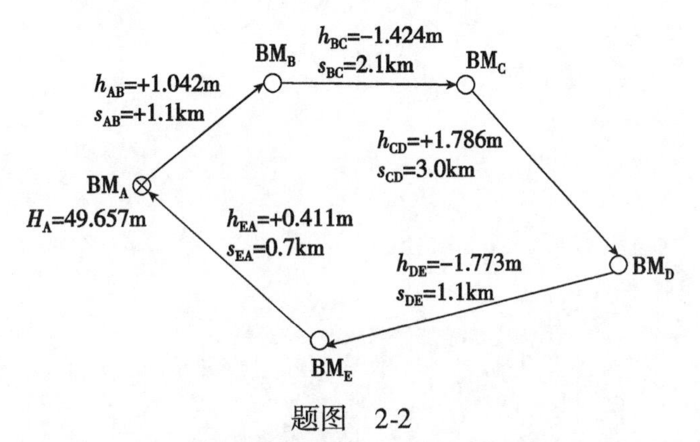

题图　2-2

水准路线高差闭合差调整计算表　　题表 2-3

测　　点	距离(km)	实测高差(m)	改正数(m)	改正后高差(m)	高程(m)	备　　注
BM_A						
BM_B						
BM_C						
BM_D						
BM_E						
BM_A						
Σ						

5. 如题图 2-3 所示支水准路线普通水准测量(箭头表示往测方向)观测成果示意图,试计算待求点 BM_B 和 BM_C 的高程。

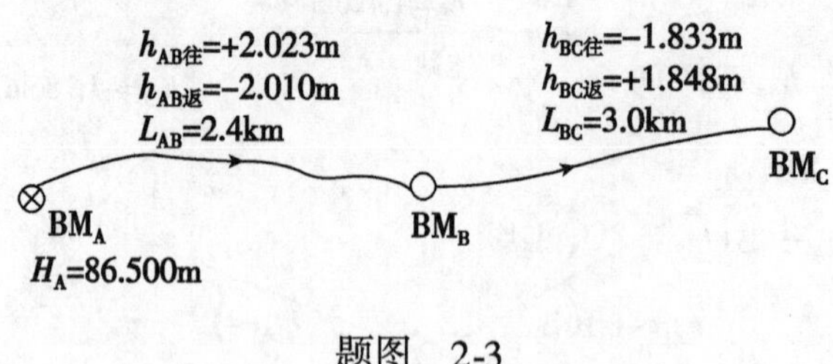

题图 2-3

模块三　距离测量与直线定向

一、单项选择题(将下列各题的正确答案序号填写在括号中)

1. 常用的测量距离的方法有钢尺量距、全站仪光电测距和(　　)。

A. 视距测量　B. 经纬仪法　C. 水准仪法　D. 罗盘仪法

2. 在距离丈量中丈量的精度是用(　　)来表示的。

A. 闭合差　B. 中误差　C. 往返较差　D. 相对误差

3. 确定一条直线与(　　)之间水平夹角的工作,称为直线定向。

A. 标准方向线　B. 东西方向线　C. 水平线　D. 基准线

4. 方位角的取值范围为(　　)。

A. 0°到270°　B. −90°到90°　C. 0°到360°　D. −180°到180°

5. 坐标方位角就是以(　　)作为标准方向,以此为起始方向顺时针转到该直线的水平夹角。

A. 真子午线北方向　B. 磁子午线北方向

C. 坐标纵轴北方向　D. 以上都不是

6. 已知直线 AB 的坐标方位角为189°,则直线 BA 的坐标方位角为(　　)。

A. 99°　B. 279°　C. 9°　D. 171°

7. 地面上有 A、B、C 三点,已知 AB 边的坐标方位角 $\alpha_{AB}=33°23'$,测得左夹角 $\angle ABC=86°21'$,则 CB 边的坐标方位角 $\alpha_{CB}=$(　　)。

A. 119°44′　B. 299°44′　C. −52°58′　D. 308°02′

二、判断题(下列各题描述正确的在括号内填√,错误的填×)

1. 花杆定线适用于 A、B 两点间距离超过150m时的直线定线,一般需要两人完成。(　　)

2. 钢尺量距时,对精度要求高的距离丈量,用一般量距法。(　　)

3. 使用一般量距法测距离时,可不加温度改正,量距时可凭经验拉力将尺拉紧即可,平坦地量距可以拖地丈量,所测距离直接作为水平距离使用。(　　)

4. 为了避免丈量出现错误和保证判断丈量结果的可靠性,并提高丈量结果的精度,距离丈量要求进行往、返丈量。(　　)

5. 视距测量是用望远镜内视距丝装置,根据几何光学原理可同时测定两点间的水平距离和高差的一种方法。(　　)

6. 真子午线中指向北端的方向称为真北方向,真北方向可由罗盘测得。(　　)

7. 磁子午线方向是磁针在地球磁场的作用下,自由静止时磁针轴线所指的方向。(　　)

8. 在测量工作中通常用独立平面直角坐标确定地面点的位置,因此取坐标横轴(y 轴)作为直线定向的标准方向。(　　)

9. 通过坐标反算获得的坐标方位角是以坐标东方向作为标准方向的。(　　)

10. 确定一条直线与标准方向线之间水平夹角的工作,称为直线定向。 (　　)

三、思考题

1. 评定钢尺量距丈量精度的指标是什么?
2. 什么是直线定线?
3. 直线定线的方法有哪些?
4. 什么是直线定向?
5. 在测量工作中直线的标准方向有哪些?
6. 什么叫坐标方位角?
7. 什么叫正(反)方位角? 正、反方位角有什么关系?

四、计算题

1. 根据题表 3-1 中丈量原始数据,将表填充完整。

量 距 记 录 表　　　　题表 3-1

测线		整尺段(m)	零尺段	总距离(m)	较差(m)	相对精度	平均距离(m)	备注
AB	往测	4×50	12.725					
	返测	4×50	12.783					
CD	往测	5×30	22.014					
	返测	5×30	21.982					

2. 用钢尺丈量一直线,往测丈量的长度为284.163m,返测为284.151m,今规定其相对误差不应大于1/2000,试问:

(1)此测量成果是否满足精度要求?

(2)按此规定,若丈量500m,往返丈量最大可允许相差多少米?

3. 用全站仪进行视距测量,已知 $K=100$,视距间隔为0.27,竖直角为 $+2°30'$,试计算水平距离 D。

模块四　全站仪测量技术

一、单项选择题(将下列各题的正确答案序号填写在括号中)

1. 全站仪由(　　)、电子测角系统和数据处理系统组成。

A. 控制器　B. 补偿管　C. 光电测距仪　D. 望远镜

2. 某全站仪的测距精度为 $\pm(2+2\times10^{-6}\times D)$mm,其中的 $2\times10^{-6}\times D$ 指的是(　　)。

A. 固定误差　B. 比例误差　C. 相对误差　D. 极限误差

3. 棱镜是(　　)测量所使用的辅助工具。

A. 经纬仪　B. 水准仪　C. 全站仪　D. 平板仪

4. 全站仪进行精密测距时,必不可少的合作目标是(　　)。

A. 标杆　B. 棱镜　C. 水准尺　D. 钢尺

5. 过两条方向线的铅垂面所夹的两面角称为(　　)。

A. 竖直角　B. 水平角　C. 俯角　D. 仰角

6. 照准部上设有一个管水准器,通过调节(　　),使仪器整平。

A. 微倾螺旋　B. 脚螺旋　C. 轴座固定螺旋　D. 微动螺旋

7. 为减小测角误差,角度观测需要采用盘左和盘右两个位置进行观测。观测者观测目标过程中,竖盘在望远镜的(　　),称为盘左位置,又称正镜。

A. 上侧　B. 下侧　C. 左侧　D. 右侧

8. 为减弱测角误差,角度观测需要采用盘左和盘右两个位置进行观测。观测者观测目标过程中,竖盘在望远镜的(　　),称为盘右位置,又称倒镜。

A. 上侧　B. 下侧　C. 左侧　D. 右侧

9. 根据所测角度选择合适的初始方向,每测回测角前需要进行度盘设置,《工程测量标准》(GB 50026—2020)规定多测回观测时各测回间宜按(　　)除以测回数配置度盘。

A. 360°　B. 180°　C. 90°　D. 60°

10. 根据全站仪坐标测量的原理,在测站点照准后视点后,方向值应设置为(　　)。

A. 测站点至后视点的方位角　B. 后视点至测站点的方位角

C. 0°　D. 90°

11. 用全站仪距离测量进行中平测量,依据的原理是(　　)。

A. 水准测量原理　B. 导线测量原理

C. 三角测量原理　D. 三角高程测量原理

12. 全站仪 $2c$ 的值不大于 10″,可以认为(　　)。

A. 视准轴垂直于横轴　B. 横轴垂直于竖轴

C. 视准轴平行于横轴　D. 视准轴垂直于竖轴

二、判断题(下列各题描述正确的在括号内填√,错误的填×)

1. 全站型电子速测仪简称全站仪,它是一种可以同时进行角度测量、距离测量和数据处理的测量仪器。(　　)

2. 在全站仪距离相关设置中,“两差改正”是指对温度和气压进行的参数改正。 (　　)

3. 全站仪既可以测量两点间的平距,也可测量两点间的斜距。 (　　)

4. 角度测量是确定地面点位的基本工作之一,它包括水平角测量和竖直角测量。 (　　)

5. 在同一竖直平面内,目标方向线与水平方向线之间的夹角称为竖直角。 (　　)

6. 全站仪角度测量前可以设置水平度盘的显示方式,比如显示水平左(或 HL),则表示水平度盘为顺时针刻划的度盘。 (　　)

7. 全站仪虽然是全能型仪器,但不能直接测定任意两点连线的坐标方位角。 (　　)

8. 全站仪使用时,更换电池前务必先关闭电源。 (　　)

三、思考题

1. 全站仪结构中有哪四大测量光电系统?
2. 全站仪测量精度包括哪些?
3. 全站仪距离测量前需要进行哪些参数设置?
4. 简述坐标测量的操作步骤。
5. 简述点放样的操作步骤。
6. 简述利用全站仪距离测量进行中平测量的步骤。
7. 后方交会法建站有哪些优势?
8. 全站仪哪些测量需要建站?
9. 简述视准轴与横轴的垂直度($2c$)的检校过程。

四、计算题

1. 一台测距精度为($1+2\text{ppm}\times D$)mm 的全站仪,当被测量距离为 4km 时,仪器的测距精度为多少?

2. 将题表 4-1 中两个方向的水平角观测记录表填写完整。

两个方向的水平角观测记录表　　　　题表 4-1

<table>
<tr><th rowspan="2">测站</th><th rowspan="2">盘位</th><th rowspan="2">目标</th><th rowspan="2">水平角(HR)读数
(° ′ ″)</th><th colspan="2">水　平　角</th><th rowspan="2">备　　注</th></tr>
<tr><th>半测回角值
(° ′ ″)</th><th>一测回角值
(° ′ ″)</th></tr>
<tr><td rowspan="4">A</td><td rowspan="2">左</td><td>B</td><td>0　52　32</td><td rowspan="2"></td><td rowspan="4"></td><td rowspan="4">B
A　C</td></tr>
<tr><td>C</td><td>63　28　24</td></tr>
<tr><td rowspan="2">右</td><td>C</td><td>243　28　12</td><td rowspan="2"></td></tr>
<tr><td>B</td><td>180　52　18</td></tr>
</table>

模块五 GNSS 测量技术

一、单项选择题(将下列各题的正确答案序号填写在括号中)

1.2020 年 7 月 31 日,北斗三号全球卫星导航系统建成暨开通仪式在北京举行。中共中央总书记、国家主席、中央军委主席习近平出席仪式,宣布北斗三号全球卫星导航系统正式开通。该系统有(　　)颗空间卫星组成。

A.24　　B.27　　C.30　　D.35

2.中国北斗卫星导航系统建设的基本原则是(　　)。

A.开放性、自主性、兼容性、渐进性　　B.开放性、包容性、互通性、融合性

C.包容性、公益性、自主性、兼容性　　D.独立性、自主性、兼容性、渐进性

3.GNSS 系统由(　　)组成。

A.空间部分、地面监控部分、用户设备部分　　B.卫星、基站、移动站

C.脚架、主机、天线　　D.基站、移动站、手簿

4.GNSS 定位的实质就是根据高速运动的卫星瞬间位置作为已知的起算数据,采取(　　)的方法,确定待定点的空间位置。

A.空间距离后方交会　　B.空间距离前方交会

C.空间距离侧方交会　　D.空间角度交会

5.在用 GNSS 信号进行导航定位时,为了解算得测站的三维坐标,必须观测至少(　　)颗 GNSS 卫星才能进行定位。

A.3　　B.4　　C.5　　D.6

6.(　　)是以卫星和用户接收机之间的距离观测值为基础,并根据卫星星历确定的卫星瞬时坐标,直接确定用户接收机天线在坐标系中的坐标。

A.绝对定位　　B.相对定位　　C.动态定位　　D.静态定位

二、多项选择题(将下列各题的正确答案序号填写在括号中)

1.GNSS 系统包括(　　)。

A.监控部分　　B.空间部分

C.地面监控部分　　D.用户设备部分

2.GNSS 用户可以在全球范围内实现全天候、连续、实时的(　　)。

A.导航　　B.定位　　C.测速　　D.授时

3.GNSS 系统地面控制部分包括(　　)。

A.基准站　　B.主控站　　C.注入站　　D.监控站

4.与传统的手工测量手段相比,GNSS 技术具有的特点是(　　)。

A.测量精度高,操作简便　　B.仪器体积大,不便于携带

C.全天候操作,无须通视　　D.中间处理环节较多且复杂

5.GNSS 信号接收机,按用途不同可分为(　　)。

A.导航型　　B.姿态型　　C.测地型　　D.授时型

6. GNSS 接收机主机的数据链接模式有(　　)。

A. 蓝牙　　B. 网络　　C. 内置电台　　D. 外置电台

7. GNSS 定位有多种方式,如果就用户接收机天线所处的运动状态而言,定位方式可以分为(　　)。

A. 静态定位　　B. 动态定位　　C. 单点定位　　D. 绝对定位

三、判断题(下列各题描述正确的在括号内填√,错误的填×)

1. GNSS 测量技术可以同时测定点的平面位置和高程。(　　)

2. RTK 测量是实时动态载波相位差分 GNSS 测量。(　　)

3. GNSS 点位应远离大面积水域,以减弱多路径效应的影响。(　　)

4. GNSS 定位根据定位模式分单点定位和双点定位。(　　)

5. RTK 定位技术是基于载波相位观测值的实时动态定位技术,它能够实时地提供测站点在指定坐标系中的三维定位结果,并达到毫米级精度。(　　)

四、思考题

1. 全球范围内的卫星导航系统有哪四个?

2. 北斗三号卫星导航系统包含哪几种卫星?分别有多少颗?

3. GNSS 系统由哪些部分组成?

4. 简述 GNSS 系统相对于传统测量技术的优势。

5. GNSS 定位的基本原理是什么?

6. 测定地面点坐标时,GNSS 接收机为什么要接至少 4 颗工作卫星的信号?

7. 简述 GNSS 定位分类。

8. 简述 RTK 定位技术原理。

9. CORS 系统组成有哪些?

10. 网络 RTK 定位技术与常规 RTK 定位技术相比的优点有哪些?

11. 归纳总结电台 $1+N$ 模式 RTK 和网络 RTK 测量的操作步骤。

模块六　测量误差的基本知识

一、单项选择题(将下列各题的正确答案序号填写在括号中)

1. 水准测量中保持前后视距相等可消除(　　)。

A. 偶然误差　　B. 粗差　　C. 系统误差　　D. 以上都不对

2. 在偏差理论中,公式中的Δ表示观察值的(　　)。

A. 最或然偏差　　B. 中偏差　　C. 真偏差　　D. 允许偏差

3. 观测值L和真值X的差称为观测值的(　　)。

A. 最或然误差　　B. 中误差　　C. 相对误差　　D. 真误差

4. 在三角形ABC中,测出$\angle A$和$\angle B$,计算出$\angle C$。已知$\angle A$的中误差为$\pm 4''$,$\angle B$的中误差为$\pm 3''$,求$\angle C$的中误差为(　　)。

A. $\pm 3''$　　B. $\pm 4''$　　C. $\pm 5''$　　D. $\pm 7''$

5. 在1∶500比例尺地形图上,量得A、B两点间的距离$S = 165.0$mm,其中误差$m_s = 0.2$mm。求A、B两点实地距离D为(　　)m。

A. 82.5 ± 0.1　　B. 82.5 ± 0.2　　C. 165.0 ± 0.2　　D. 无法判断

二、判断题(下列各题描述正确的在括号内填√,错误的填×)

1. 相对误差的绝对值与观测值之比称为相对误差。(　　)
2. 相对误差是个无名数,而真误差、中误差、容许误差是带有测量单位的数值。(　　)
3. 系统误差往往随着观测次数的增加而逐渐积累。(　　)
4. 测量成果不可避免地存在误差,任何观测值都存在误差。(　　)
5. 偶然误差的算术平均值随着观测次数的无限增加而趋于无穷大。(　　)
6. 观测误差与观测成果精度成反比。(　　)
7. 产生系统误差的主要原因是测量仪器和工具构造不完善或校正不完全准确。(　　)
8. 当系统误差减小后,决定观测精度的主要是偶然误差。(　　)
9. 偶然误差不能用计算改正或一定的观测方法简单地消除,只能根据其特性来改进观测方法并合理地处理数据,以减小影响。(　　)
10. 在相同观测条件下,对某一量进行一系列观测,若误差的大小和符号保持不变,或按一定的规律变化,这种误差称为偶然误差。(　　)

三、思考题

1. 什么叫测量误差?产生测量误差的原因有哪些?
2. 测量误差按性质如何分类?
3. 什么是系统误差?什么是偶然误差?
4. 偶然误差有哪些特征?
5. 简述中误差的含义。

四、计算题

1. 同精度丈量某基线7次,各次丈量结果如下:$L_1 = 91.925$m,$L_2 = 91.917$m,$L_3 =$

91.920m,L_4 =91.930m,L_5 =91.928m,L_6 =91.930m,L_7 =91.923m,求最或是值、观测值中误差、算术平均值中误差及其相对误差。

2. 对于某一水平角,在等精度的条件下进行了5次观测,求其算术平均值及观测值的中误差,并将题表6-1中的内容补全。

按观测值的改正数计算中误差 题表6-1

观测次序	观测值 l_i (° ′ ″)	改正数 v_i (″)	vv	计算算术平均值 $\bar{x}$ 和中误差 m
1	35 42 46			算术平均值: $\bar{x}$ = ________ 观测值中误差: m = ________
2	35 42 43			
3	35 42 45			
4	35 42 44			
5	35 42 47			
Σ				

模块七　导线测量

一、单项选择题(将下列各题的正确答案序号填写在括号中)

1. 转折角是指相邻的导线边以导线点为顶点所形成的(　　)。

A. 水平夹角　　B. 竖直角　　C. 高差　　D. 距离差

2. 坐标增量是相邻两点之间的坐标(　　)。

A. 积　　B. 差　　C. 和　　D. 商

3. 在道路工程测量中,根据测区范围和精度要求,导线测量可分为(　　)个等级。

A. 二　　B. 三　　C. 四　　D. 五

4. 附合导线的各边坐标量代数和在理论上等于终、始两点的坐标之(　　)。

A. 和　　B. 差　　C. 积　　D. 商

5. 导线测量的工作包括外业测量和内业计算两部分,其作业顺序为(　　)。

A. 内业外业同时进行　　B. 先内业再外业

C. 先外业再内业　　D. 以上都不对

6. 支导线是由一(　　)出发,既不附合到另一已知点,又不回到原起始点的导线。

A. 控制点　　B. 原点

C. 已知点和已知方向　　D. 已知方向

7. 附合导线是起止于(　　)已知点的单一导线。

A. 一个　　B. 两个　　C. 三个　　D. 四个

8. 闭合导线起止于(　　)的封闭导线。

A. 一个已知点　　B. 两个已知点　　C. 三个已知点　　D. 都不对

二、判断题(下列各题描述正确的在括号内填√,错误的填×)

1. 附合水准路线是进行水准测量的基本测量路线之一。(　　)

2. 闭合水准路线各测段高差代数和,应等于零。(　　)

3. 支导线是由一已知点和已知方向出发,既不附合到另一已知点,又不回到原起始点的导线。(　　)

4. 导线测量的内业工作是利用外业观测的成果,经过计算,求得各导线点的平面直角坐标的过程。(　　)

5. 一般在附合导线中,测量导线的左角。(　　)

6. 附合导线的各边坐标量代数和在理论上等于终、始两点的坐标之和。(　　)

7. 实测的内角之和与理论内角和之间产生的差值就是角度闭合差。(　　)

8. 短边测角时,仪器对中、照准调焦所引起的误差较小。(　　)

9. 导线全长闭合差是一个绝对闭合差,导线越长,边数与转折角越多,影响全长闭合差的值也就越大。(　　)

10. 附合导线适用于带状地区的测图控制,或者建筑物的形状以线形为主的控制,如公

路、铁路、管道、河道等工程的控制。 (　　)

三、思考题

1. 什么是附合导线、闭合导线和支导线？

2. 导线测量时，导线点位置的选择需要注意什么？

3. 导线测量内业工作的思路是什么？

4. 什么是坐标正算？什么是坐标反算？

5. 闭合导线坐标计算的步骤是什么？

四、计算题

根据题表7-1中给出的已知信息，完成闭合导线计算表中的内容。

闭合导线计算表

题表 7-1

点号	观测角(右角)(° ′ ″)	改正后的角值(° ′ ″)	坐标方位角(° ′ ″)	边长(m)	增量计算值(m)		改正后的计算值(m)				坐标(m)	
					$\Delta x'$	$\Delta y'$	改正值	Δx	改正值	Δy	x	y
1	2	3	4	5	6	7	8		9		10	11
A	87 51 15		137 40 00	107.613							700.000	1000.000
B	150 20 15			72.442								
C	125 06 45			179.925								
D	87 29 15			179.386								
E	89 13 45			224.305								
A			137 40 00								700.000	1000.000
B												
Σ												
辅助计算	角度闭合差 = ;K = $K_{容}$ = 1/2000 容许闭合差 = $\pm 40'' \sqrt{n}$ = ;精度:											

模块八　大比例尺地形图的测绘与应用

一、单项选择题(将下列各题的正确答案序号填写在括号中)

1. 地形图上0.1mm的长度相应于地面的水平距离称为(　　)。

A. 比例尺　　B. 数字比例尺　　C. 水平比例尺　　D. 比例尺精度

2. 一幅比例尺为1:10000的地形图,其比例尺精度为(　　)。

A. 1m　　B. 10m　　C. 100m　　D. 0.1m

3. 等高线经过河流时,应是(　　)。

A. 直接横穿相交

B. 近河岸时折向下游

C. 近河岸时折向上游

D. 须绕经上游正交于河岸线,中断后再从彼岸折向下游

4. 在同一张地形图上,等高距越大,说明(　　)。

A. 地貌显示就越粗略　　B. 地貌显示就越详细

C. 等高线平距越大　　D. 等高线平距越小

5. 在同一幅图上,按所选定的等高距描绘的等高线为(　　)。

A. 计曲线　　B. 间曲线　　C. 首曲线　　D. 助曲线

二、判断题(下列各题描述正确的在括号内填√,错误的填×)

1. 地图比例尺的大小决定着实地范围在地图上缩小的程度,决定着图上量测的精度和表示地形的详略程度。(　　)

2. 比例尺越大,地形图精度越低,表示地形变化的状况就越简略。(　　)

3. 不依比例符号只能表示物体的位置和类别,不能用来确定物体的尺寸。(　　)

4. 两条相邻等高线的高差称为等高线平距。(　　)

5. 在同一幅图内,等高距通常取定值,而等高线平距的大小随着地面的起伏情况而变化,需要按比例尺从图中量取得到。(　　)

6. 在同一条等高线上各点的高程相等。(　　)

7. 采集地物特征点时,最好是沿地物轮廓逐点进行,以方便绘图。(　　)

8. 平面控制测量确定图根点的平面坐标和图根控制点的高程。(　　)

9. 数字测图在野外数据采集时可以以道路、河流、沟渠、山脊线等明显线状地物为界,将测区划分为若干个作业区,分块测绘。(　　)

10. 数字外业测图按图幅施测时,每幅图应测出图廓线外5mm;分区施测时,应测出各区界线外图上。(　　)

三、思考题

1. 什么是地形图比例尺?什么是比例尺精度?

2. 地形图图式中符号有哪几种?

3. 简述地物在地形图上的表示原则。

4. 简述等高线的概念。

5. 简述等高线的特性。

6. 什么是地形特征点？

7. 数据采集前的准备工作有哪些？

8. 简述草图法全站仪野外数据采集的步骤。

9. 简述草图法网络 RTK 野外数据采集的步骤。

10. 简述使用 CASS10.1 软件进行草图法地形图成图的步骤。

模块九　道路中线测量

一、单项选择题(将下列各题的正确答案序号填写在括号中)

1. 为保证行车的舒适性和安全性,在道路转向处需要用曲线将两边的直线连接起来,这种曲线称为(　　)。

A. 缓和曲线　　B. 圆曲线　　C. 平曲线　　D. 竖曲线

2. 如观测某路线右角为115°24′,则对应的转角为(　　)。

A. 244°36′　　B. 205°24′　　C. 295°24′　　D. 64°36′

3. (　　)里程桩不属于加桩。

A. 断链桩　　B. 曲线加桩　　C. 交点桩　　D. 工程地质加桩

4. 由于局部地段改线或量距计算中发生错误,出现实际里程与原桩号不一致的现象时进行的加桩为(　　)。

A. 断链桩　　B. 曲线加桩　　C. 工程地质加桩　　D. 地形加桩

5. 圆曲线详细测设的切线支距法是以(　　)点为坐标原点,过原点的切线为 X 轴,过原点的半径为 Y 轴建立直角坐标系的。

A. HY 点或 YH 点　　B. ZY 点或 YZ 点　　C. QZ 点　　D. YH 点

6. 穿线交点法测设交点的主要步骤为(　　)。

A. 准备数据—穿线—放临时点—交点

B. 准备数据—放临时点—穿线—交点

C. 准备数据—穿线—交点—放临时点

D. 准备数据—交点—放临时点—穿线

7. 穿线后,可用(　　)法直接延长直线进行交会定点。

A. 正倒镜分中法　　B. 盘右法　　C. 盘左法　　D. 坐标法

二、判断题(下列各题描述正确的在括号内填√,错误的填×)

1. 转角有左角、右角之分,偏转后的方向位于原方向左侧的转角称为左转角,用 α_z 表示,位于原方向右侧的转角称为右转角,用 α_y 表示。　　(　　)

2. 右角 $\beta_{右}$ 的观测通常采用全站仪以测回法观测一测回,两半测回角值差的不符值视公路等级而定,一般不超过±30″。　　(　　)

3. 为保证行车的舒适性和安全性,在道路转向处需要用曲线将两边的直线连接起来。这种曲线称为缓和曲线。　　(　　)

4. 加桩指的是路线整桩号的中桩之间,根据线形或地形变化而加设的中桩。　　(　　)

5. 在地质不良地段和土壤地质变化处的里程桩为地形加桩。　　(　　)

6. 在圆曲线主点基础上进行加密,定出曲线上的其他各点,完整地标定出圆曲线的位置,这项工作称为曲线的主点测设。　　(　　)

7. 在中线测设时,路线交点(JD)的里程桩号是实际丈量的,而曲线主点的里程桩号是根据交点的里程桩号推算而得的。　　(　　)

8. 在野外测设中，当路线交点（JD）处无法设桩放置仪器或因转角太大，JD 远离曲线或遇地形地物障碍使测设困难时，可采用虚交方法处理。（　　）

9. 圆外基线法计算简单，而且容易控制曲线的位置，是解决虚交问题的常用方法。（　　）

10. 在山岭区公路的越岭线中，为克服高差、延展距离而展线时常采用回头曲线。（　　）

11. 缓和曲线采用回旋线。缓和曲线的长度应根据其计算行车速度求算。（　　）

12. 采用坐标法测设公路中线时，需将整个路线中线和控制点置于统一的平面直角坐标系中。（　　）

三、思考题

1. 道路中线测量的主要任务是什么？

2. 什么是路线交点？什么是中线测量的转点？

3. 简述路线的转角、左转角和右转角的概念。

4. 什么是里程桩？

5. 简述圆曲线主点测设步骤。

6. 什么是缓和曲线？设置缓和曲线有何作用？

四、计算题

1. 一测量员在路线交点 JD_6 上置仪器，测得后视读数为 $42°18'24''$，前视读数为 $174°36'18''$，若仪器度盘不动，分角线方向读数应是多少？

2. 已知测出线路的交点 JD_{12} 和 JD_{23} 的右角：$\beta_{12}=145°22'35''$，$\beta_{23}=213°32'20''$，试求 JD_{12} 和 JD_{23} 的路线转角，并判断是左转角还是右转角。

3. 路线交点 JD_{12} 的里程为 K7 + 213.23，转角 $\alpha=22°20'$，圆曲线半径 $R=300$m，求圆曲线的主点里程。

4. 某路线的 JD_2、JD_3 组成复曲线，用切基线法测设，测得转角 $\alpha_2=31°46'$、$\alpha_3=40°18'$，切基线长度 $AB=244.34$m，选定主曲线半径 $R_3=400$m，试计算复曲线半径 R_2，并计算复曲线的测设元素。

5. 某计算行车速度为 60km/h 的三级公路，交点桩号为 K4 + 320.16，转角 $\alpha=21°18'23''$，圆曲线半径 $R=300$m，缓和曲线长 $L_s=60$m，试计算平曲线测设元素和主点里程桩号，并测设主点桩。

模块十　道路纵横断面测量

一、单项选择题(将下列各题的正确答案序号填写在括号中)

1.(　　)是沿道路路线方向布设水准点,用水准测量方法测定出水准点高程,建立高程控制网,作为中平测量和日后施工测量的依据。

A.地形测量　　B.导线测量　　C.水准测量　　D.基平测量

2.高等级公路的基平测量可按(　　)的方法施测。

A.普通水准测量　　B.四等水准测量　　C.水准测量　　D.导线测量

3.路线的纵断面测量分为(　　)和中平测量。

A.高程测量　　B.坐标测量　　C.基平测量　　D.水准测量

4.(　　)以相邻两基平水准点为一测段,从一个水准点出发,对测段范围内所有路线中桩逐个测量其地面高程,最后附合到下一个水准点上。

A.高程测量　　B.中平测量　　C.坐标测量　　D.纵横断面图

5.道路横断面图的绘制一般采用(　　)的比例。

A.1∶1000　　B.1∶2000　　C.1∶500　　D.1∶200

6.在中平测量中,中桩高程等于(　　)。

A.视线高－前视读数　　B.视线高－中视读数

C.视线高－后视读数　　D.转点高程＋后视读数

7.路线基平测量是测定(　　)的高程。

A.水准点　　B.转点　　C.各中桩　　D.交点

8.中平测量遇到跨沟谷时,通常采用沟内、沟外同时分别设(　　)分开施测的方法,以提高测量的精度。

A.转点　　B.交点　　C.测站　　D.水准点

9.中平测量所测水准点的高程应与(　　)结果相符。

A.中平测量　　B.水准测量　　C.基平测量　　D.导线测量

10.纵断面图的高程比例尺一般比里程比例尺大(　　)倍。

A.2　　B.10　　C.100　　D.200

二、判断题(下列各题描述正确的在括号内填√,错误的填×)

1.坡度为两变坡点之间高差与水平距离的百分比,坡长为两变坡点之间的水平距离。(　　)

2.路线纵断面测量是测定路线中桩的地面高程。(　　)

3.路线中线测量设置转点主要是为了传递高程。(　　)

4.中线测量主要是测定公路中线的平面位置。(　　)

5.在道路纵断面图中的图示部分,细折线为中线方向地面线,粗线为纵坡设计线。(　　)

6.在道路纵断面图中,地面线是根据中桩里程和设计高程绘制的。(　　)

7. 路线纵断面测量就是中平测量。（　）

8. 在公路中平测量中，中桩点位较低不便测量时，可采用接尺的方法进行测量。（　）

9. 中平测量的精度要求，一般取测段高差 $\Delta h_{中}$ 与两端基平水准点高差 $\Delta h_{基}$ 之差的限差，即 $\pm 50\sqrt{L}$mm（L 以 km 计）。（　）

10. 道路纵断面图是沿中线方向绘制地面起伏和纵坡变化的线状图。它由上、下两部分组成，包括图示部分和表格部分。（　）

三、思考题

1. 路线纵断面测量的任务是什么？
2. 简述中平测量的观测顺序。
3. 中平测量时，跨越沟谷可采取什么措施？为何采取这些措施？
4. 基平测量的定义是什么？
5. 横断面测量的任务是什么？简述其实施过程及作用。
6. 横断面测量施测方法有哪几种？各适用于什么情况？

四、计算题

题表 10-1 为中平记录表，请将此表补充完整。

中平记录表　　　　题表 10-1

测点	水准尺读数(m)			视线高程(m)	地面高程(m)	备注
	后视	中视	前视			
BM_5	1.426				417.628	
K4+980		0.87				
K5+000		1.56				
+020		4.25				
+040		1.62				
+060		2.30				
ZD_1	0.876		2.402			
+080		2.42				
+092.4		1.87				
+100		0.32				
ZD_2	1.286		2.004			
+120		3.15				
+140		3.04				
+160		0.94				
+180		1.88				
+200		2.00				
ZD_3			2.186			

模块十一　道路施工放样

一、单项选择题(将下列各题的正确答案序号填写在括号中)

1. 一级公路宜采用(　　)进行测量放样。

A. 坐标法　　B. 切线支距法　　C. 偏角法　　D. 解析法

2. 在各种工程的施工中,把图纸上设计的建筑物位置在实地上标定出来的工作称为(　　)。

A. 测定　　B. 施工放样　　C. 监测　　D. 变形观测

3. 道路中线的位置是通过测设(　　)来确定的。

A. 相对高程　　B. 绝对高程　　C. 高差　　D. 高度

4. 使用全站仪进行坐标放样时,屏幕显示的水平距离差为(　　)。

A. 设计平距 - 实测平距　　B. 实测平距 - 设计平距

C. 设计平距 - 实测斜距　　D. 实测斜距 - 设计平距

5. 施工放样的基本工作包括测设(　　)。

A. 水平角、水平距离与高程　　B. 水平角与水平距离

C. 水平角与高程　　D. 水平距离与高程

6. (　　)就是在地面上根据已知水准点的高程,将地形图上设计的建筑物、构筑物的高程在实地标定出来,作为施工中掌握高程的依据。

A. 高程放样　　B. 距离放样　　C. 角度放样　　D. 点位放样

7. (　　)也就是从已知控制点出发,根据一个水平角和一段水平距离测设点的平面位置的方法。该方法适用于量距方便且待测设点距控制点较近的建筑施工场地。

A. 极坐标法　　B. 角度交会法　　C. 距离交会法　　D. 直角坐标法

8. 建筑场地平整中,已知水准点 A 的高程为 $H_A = 38.764$m,B 点的设计高程为 $H_B = 37.000$m,水准仪在 A 尺上的读数 a 为 1.236m,在 B 尺上的读数 b 为 2.457m,施工时 B 点应(　　)。

A. 填高 2.985m　　B. 填高 0.543m　　C. 挖深 0.543m　　D. 挖深 2.985m

9. 在地面上要求测一个直角,先用一般方法测设出 $\angle AOB$,再测量该角若干测回取平均值 $\angle AOB = 90°00'45''$。已知 $OB = 150$m,请问在垂直于 OB 方向上,B 点应该移动(　　)才能得到 90°角。

A. 65.4mm　　B. 32.7mm　　C. 37.6mm　　D. 38.9mm

10. 已知水准点 A 的高程为 8.500m,要测设高程为 8.350m 的 B 点,在 A、B 两点间架设仪器,后视 A 点的读数为 1.050m,则视线高和前视 B 点的读数分别为(　　)。

A. 9.400m,0.900m　　B. 9.400m,1.200m

C. 9.550m,0.900m　　D. 9.550m,1.200m

二、判断题(下列各题描述正确的在括号内填√,错误的填 ×)

1. 用极坐标进行放样时,只在一个控制点上进行作业,这个控制点必须与另一个控制点

通视。　(　　)

2. 常用的路基边桩放样方法有图解法、解析法和渐进法。　(　　)

3. 在用全站仪进行点位放样时，若棱镜高和仪器高输入错误，将影响放样点的平面位置。　(　　)

4. 点的平面位置的测设方法有直角坐标法、极坐标法、角度交会法、距离交会法等。　(　　)

5. 常用的路基边坡放样方法有竹竿、绳索放样边坡和用边坡样板放样边坡。　(　　)

三、思考题

1. 设 A 点为已知高程点，简述在 B 点桩上测设出与 A 点高程相同的点的位置的步骤。

2. 水准测量方法放样高程的步骤是什么？

3. 测设点的平面位置有几种方法？各适用于什么情况？

4. 简述全站仪放样点位的具体步骤。

四、计算题

1. 如题图 11-1 所示，令 ZH 点的坐标为(0,0)，并在其上置全站仪测得 ZH 点至任意点 O 的距离为 100m，x 轴正向顺时针至 ZH—O 直线的水平角为 70°。为了测设曲线上的 P 桩点，需把全站仪安置在 O 上，且 P 桩点的坐标为(75,4)，试计算极坐标法放样 P 桩点的测设数据并简述放样方法。

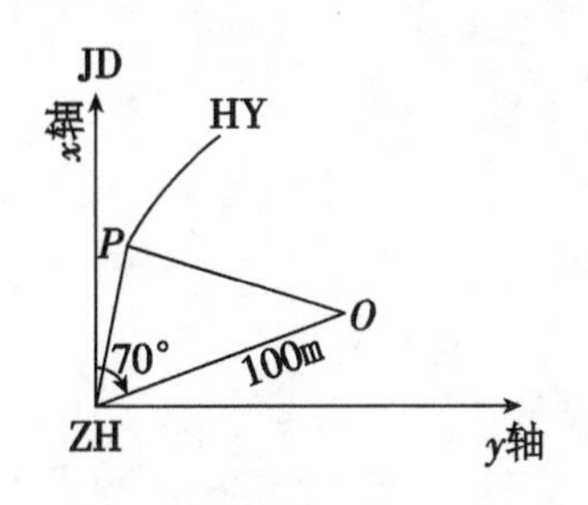

题图　11-1

2. 如题图 11-2 所示，已知 $\alpha_{AB}=320°14'25''$，$x_A=15.22\text{m}$，$y_A=87.71\text{m}$；$x_1=44.22\text{m}$，$y_1=65.71\text{m}$；$x_2=55.14\text{m}$，$y_2=100.40\text{m}$。将全站仪安置于 A 点，用极坐标法测设 1 点与 2 点的测设数据并简述测设点位过程。

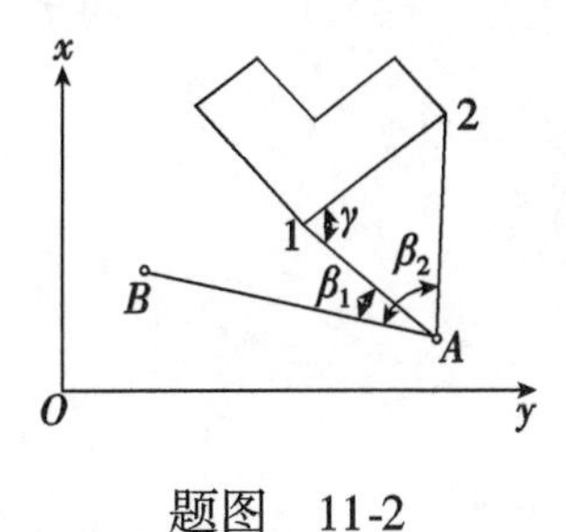

题图　11-2

参考文献

[1] 中华人民共和国交通运输部.公路勘测规范:JTG C10—2007[S].北京:人民交通出版社,2007.
[2] 中华人民共和国住房和城乡建设部.工程测量标准:GB 50026—2020[S].北京:中国计划出版社,2020.
[3] 中华人民共和国住房和城乡建设部.工程测量通用规范:GB 55018—2021[S].北京:中国建筑工业出版社,2021.
[4] 张保成.工程测量[M].3版.北京:人民交通出版社股份有限公司,2023.